Themenheft 1 2 3

Rechnen bis 20





# Die Zahlen-Dreher

erarbeitet von
Jörg Krampe und Rolf Mittelmann

illustriert von Antje Keidies

Oldenbourg

## Der Zahlenraum bis 20



## Plus- und Minusaufgaben (ohne Zehnerübergang)

## Plus- und Minusaufgaben (mit Zehnerübergang)



## Größen und Sachrechnen



## Lösungsheft

Spure die Zahlen von 1 bis 20 deutlich nach.
Kannst du schon bis 20 zählen?

**So geht's:**

- Würfle.
- Bei ⚁, ⚃ oder ⚅ darfst du vorrücken.
  Bei ⚀, ⚂ oder ⚄ musst du zurückgehen.
- Kommst du genau zur 1 oder zur 20?

**Tipp**: Du kannst das Spiel auch zu zweit spielen.

**1** Immer 10 auf eine Kette. Verbinde.

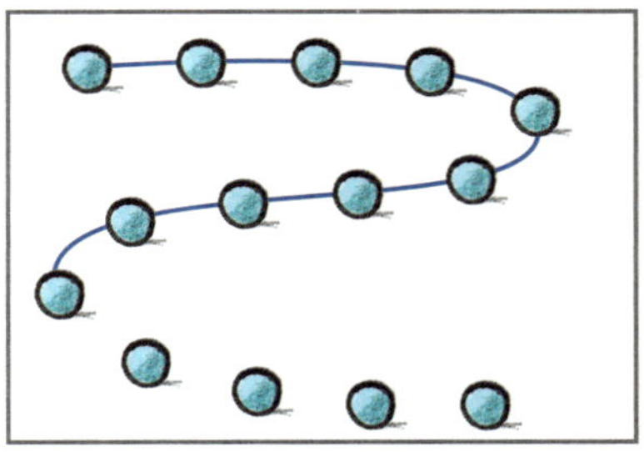

___ Kette

___ Einzelne

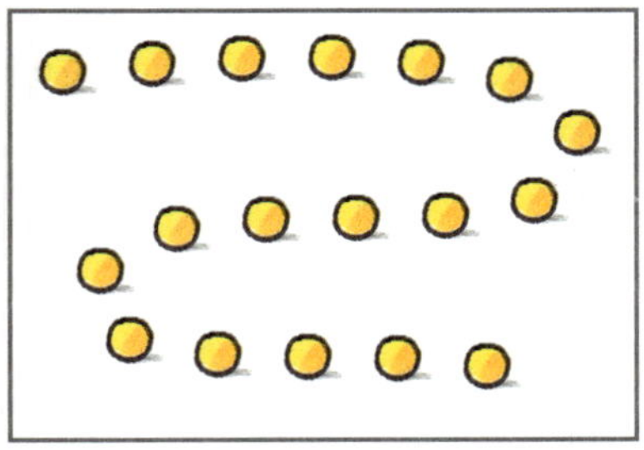

___ Kette

___ Einzelne

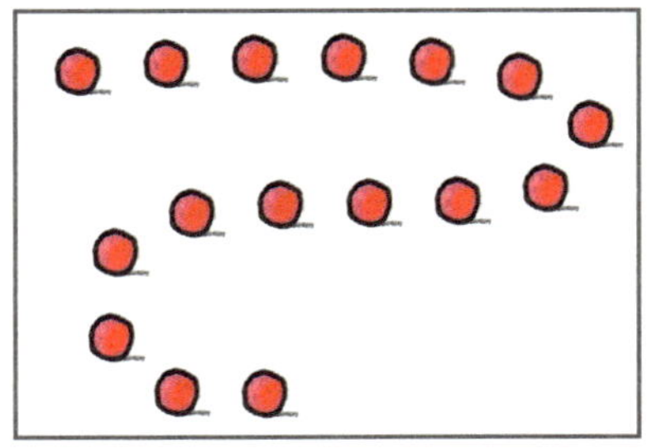

___ Kette

___ Einzelne

1, 1, 1, 4, 6, 8

**2** Umkreise immer 10 und trage ein.

| Zehner | Einer |
|---|---|
| | |

| Zehner | Einer |
|---|---|
| | |

**3** a) Auf einen Blick. Trage die Zahlen ein.

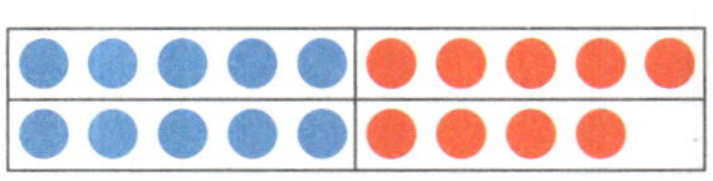

| Z | E |
|---|---|
| | |

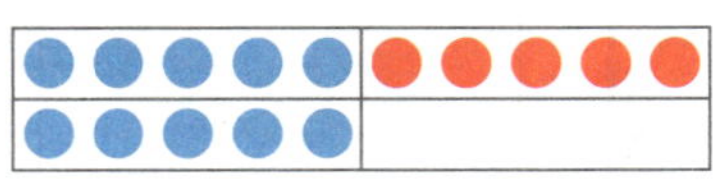

| Z | E |
|---|---|
| | |

0, 1, 1, 1, 5, 9

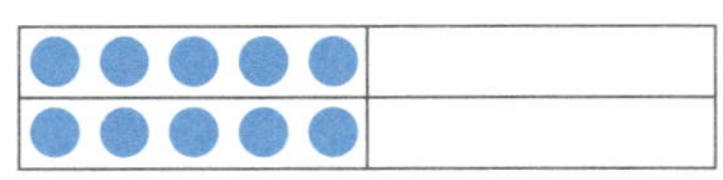

| Z | E |
|---|---|
| | |

b) Zeichne wie in Aufgabe a).

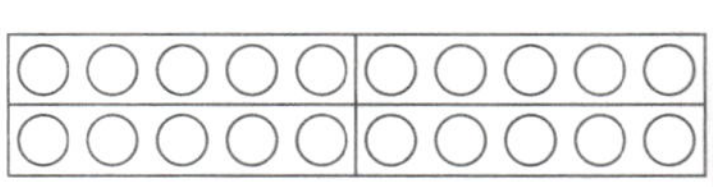

| Z | E |
|---|---|
| 1 | 4 |

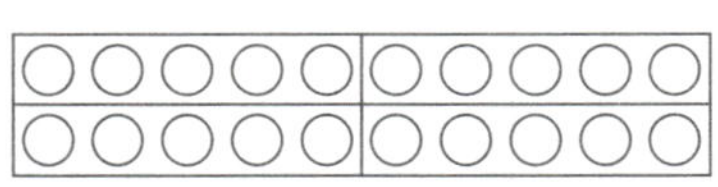

| Z | E |
|---|---|
| 2 | 0 |

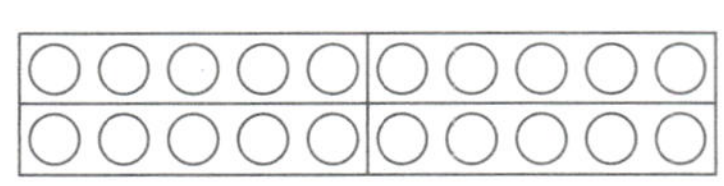

| Z | E |
|---|---|
| 1 | 2 |

# Zahlen schreiben und vergleichen

**1** Sprich laut und schreibe.

| | Z | E |
|---|---|---|
| vierzehn | | |
| sechzehn | | |
| neunzehn | | |
| elf | | |

| | Z | E |
|---|---|---|
| achtzehn | | |
| zwölf | | |
| zwanzig | | |
| einundzwanzig | | |

**2** Schreibe zuerst die Zehner, dann die Einer.

| | Z | E |
|---|---|---|
| 1 Z 3 E | | |
| 0 Z 9 E | | |
| 2 Z 0 E | | |

| | Z | E |
|---|---|---|
| 1 Z 8 E | | |
| 0 Z 8 E | | |
| 1 Z 2 E | | |

| | Z | E |
|---|---|---|
| 16 E | | |
| 4 E | | |
| 19 E | | |

**3** Vergleiche die Höhe der Bäume. 10, 13, 15, 15, 15, 19, 20, 20, <, =, >, >

___ ◯ ___ ___ ◯ ___ ___ ◯ ___ ___ ◯ ___

**4** ◯<, ◯> oder ◯= ? Trage ein.

11 ◯ 20 17 ◯ 15 12 ◯ 12

16 ◯ 16 14 ◯ 14 14 ◯ 11

10 ◯ 1 2 ◯ 20 13 ◯ 19

Fertig? Trage unter die Zahl im Farbfeld und hinten im Heft den passenden Buchstaben ein.

5

**1** Ergänze die fehlenden Zahlen.

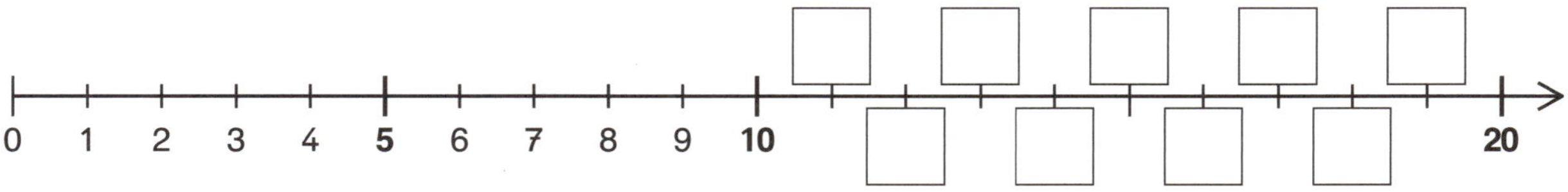


**2** Schreibe den Vorgänger und den Nachfolger.

| | | | | | | | | |
|---|---|---|---|---|---|---|---|---|
| 4 | 5 | 6 | | 1 | | | 9 | |
| 14 | 15 | 16 | | 11 | 2 | | 19 | |

| | | | | | | | | |
|---|---|---|---|---|---|---|---|---|
| | | | | | | 3 | | |
| | | 12 | | | 18 | 13 | | |

Schreibe für jede Zahl im Farbfeld den zugehörigen Buchstaben. Wie heißt das Lösungswort?

| 2 | | | | |
|---|---|---|---|---|
| S | | | | |

**3** Ergänze die fehlenden Zahlen.

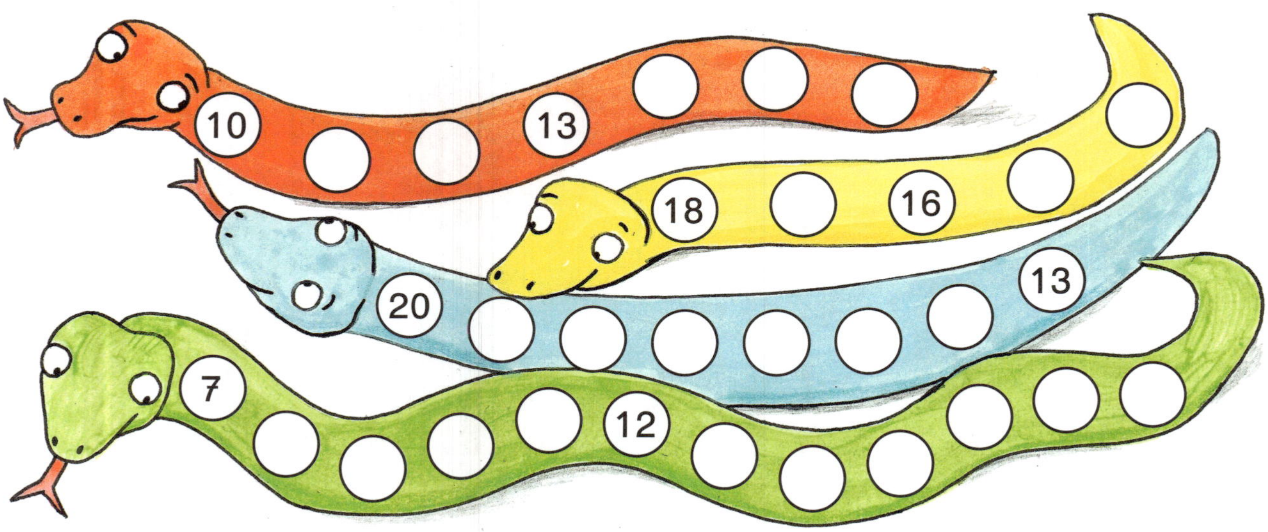


**4** Schreibe die Zahlen und male an. Achte auf die Reihenfolge.

14, 15, 18    10, 12, 17, 19    11, 13, 16, 20

**1** Umkreise immer 10 und trage ein.

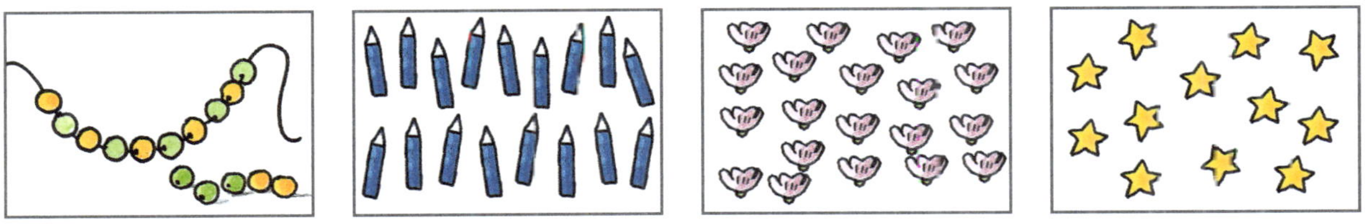

| Z | E |
|---|---|
| | |

| Z | E |
|---|---|
| | |

| Z | E |
|---|---|
| | |

| Z | E |
|---|---|
| | |

**2** (<), (>) oder (=) ?

a)
14 ◯ 12
20 ◯ 20
11 ◯ 15

b)
11 ◯ 20
12 ◯ 11
15 ◯ 5

c)
15 ◯ 12
15 ◯ 14
19 ◯ 20

d)
10 ◯ 20
13 ◯ 17
18 ◯ 18

**3** Verbinde die Punkte.

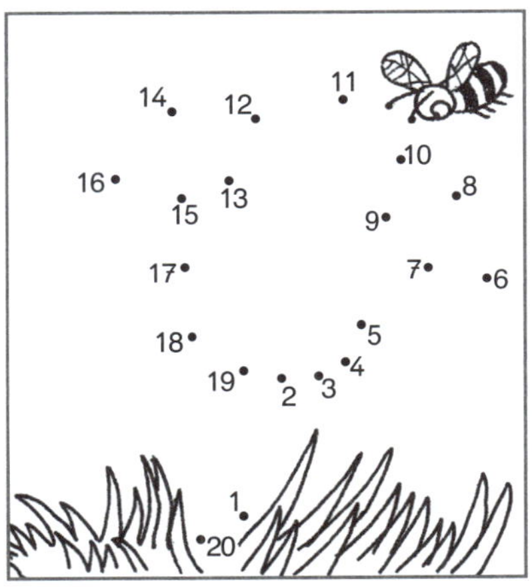

**4** Bestimme den Vorgänger (V) und den Nachfolger (N).

| V | Zahl | N | V | Zahl | N |
|---|---|---|---|---|---|
| | 12 | | 14 | | |
| | 19 | | | | 19 |
| | 17 | | | | 13 |
| | 11 | | 12 | | |

**5** a) Ergänze die fehlenden Zahlen.

b) Male die Waggons an:

(gelb) 11, 13, 15, 20 (rot) 12, 16, 19 (blau) 14, 17, 18



2

# Zahlen zerlegen und ergänzen

**1** a) Zerlege die Zahl 17.

12 + 5 ___ + ___ ___ + ___ ___ + ___

b) Zerlege und male passend an.

16 = 13 + ___ 18 = 12 + ___ 12 = 10 + ___

2, 2, 3, ~~5~~, 6, 6, 7, 10, 11, ~~12~~, 15

**2** Zerlege und setze fort.

**3** Zerlege die Zahl 19 in 3 Zahlen. Male an.

13 + 4 + ___ 12 + ___ + 2

___ + 6 + 3 15 + ___ + 1

1 Wie heißen die Aufgaben?

7, 8, ~~11~~, 13, 19, 20

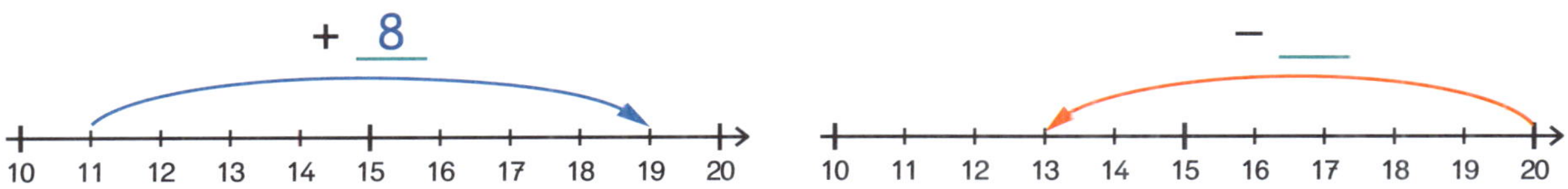


11 ◯ ___ = ___ ___ ◯ ___ = ___

2 Schreibe die Aufgaben und rechne.

a)

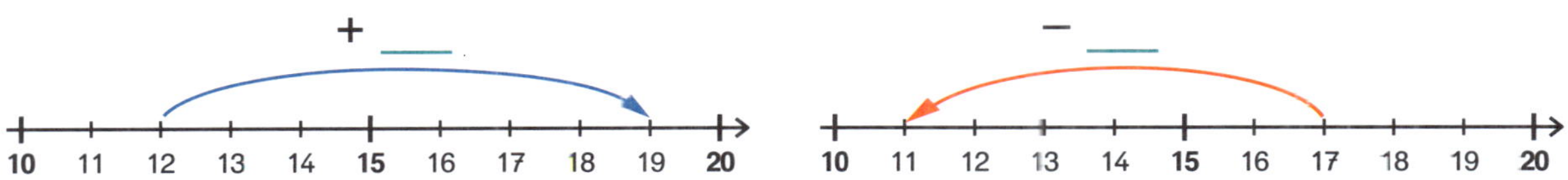


___ + ___ = ___ ___ – ___ = ___

b)

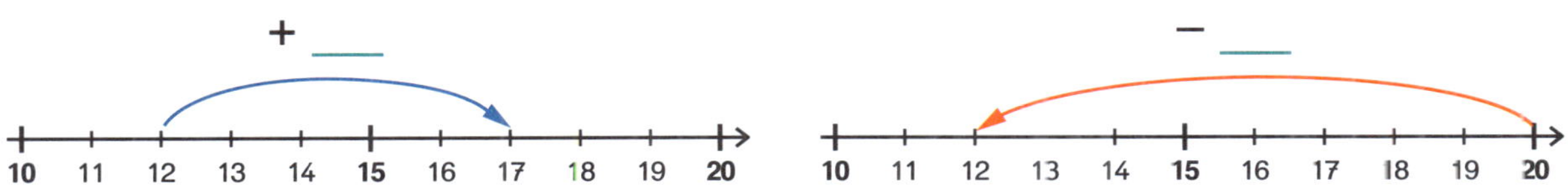


___ + ___ = ___ ___ – ___ = ___

3 Zeichne die Pfeile und rechne.

a) 11 + 8 = ___

17 – ___ = 12

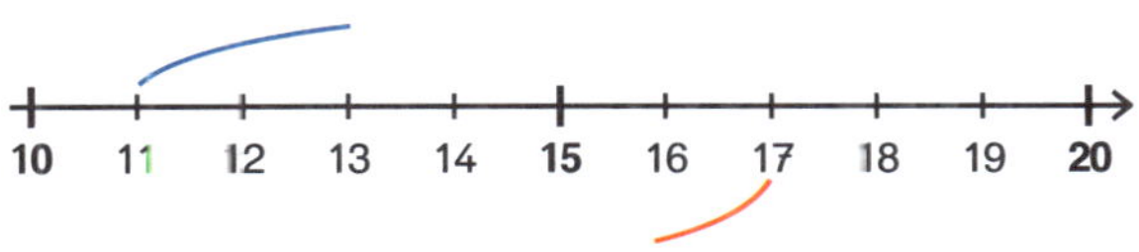


b) 13 + 4 = ___

20 – ___ = 14

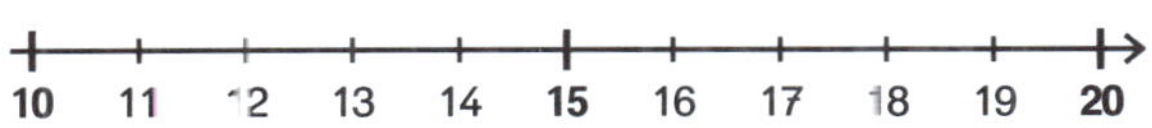

Jede Zahl im Farbfeld steht für einen Buchstaben. Wie heißt das Lösungswort?

___ ___ ___ ___ ___ ___ ___

4 Denke dir zwei eigene Pfeilbilder aus und rechne.

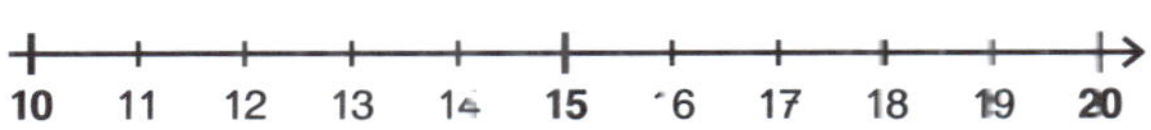

① Rechne. Male die große und die kleine Aufgabe in derselben Farbe an.

18 – 5 = 13

19 – 4 = ___

18 – 3 = ___

8 – 7 = ___

5 – 3 = ___

15 – 3 = ___

9 – 4 = ___

17 – 4 = ___

8 – 3 = ___

18 – 7 = ___

8 – 5 = ___

② Rechne geschickt.

a) 11 + 4 = ___ 11 + 3 = ___ 14 + 5 = ___
1 + 4 = ___ 1 + 3 = ___ ___ + ___ = ___

b) 13 + 5 = ___ 13 + 2 = ___ 11 + 1 = ___
___ + ___ = ___ ___ + ___ = ___ ___ + ___ = ___

c) 12 + 2 = ___ 14 + 3 = ___ 12 + 4 = ___
___ + ___ = ___ ___ + ___ = ___ ___ + ___ = ___

Lösungswort: ___ ___ ___ ___ ___ ___ ___

③ Rechne und vergleiche die Ergebnisse.

a)

| + | 3 | 5 |
|---|---|---|
| 4 | | |
| 3 | | |
| 5 | | |

| + | 3 | 5 |
|---|---|---|
| 14 | | |
| 13 | | |
| 15 | | |

b)

| – | 3 | 5 |
|---|---|---|
| 9 | | |
| 6 | | |
| 7 | | |

| – | 3 | 5 |
|---|---|---|
| 19 | | |
| 16 | | |
| 17 | | |

6, 7, 8, 8, 9, 10, 16, 17, 18, 18, 19, 20

1, 2, 3, 4, 4, 6, 11, 12, 13, 14, 14, 16

# Rechnen im zweiten Zehner

**1** Ergänze die fehlenden Zahlen.

| | | |
|---|---|---|
| | | |
| 15 | | |
| 12 | 3 | 2 |

| | | |
|---|---|---|
| | | |
| | | |
| 14 | 0 | 4 |

Zielzahlen: 12, 18, 20

| | | |
|---|---|---|
| 20 | 5 | 2 |
| | | |
| | | |

**2** Rechne. Male die Ergebnisfelder im Bild an.

19 – 4 = ___
17 – 6 = ___
15 – 2 = ___
18 – 4 = ___
20 – 4 = ___

20 – 2 = ___
18 – 8 = ___
16 – 4 = ___
19 – 0 = ___
20 – 3 = ___

12 + ___ = 19
11 + ___ = 16
10 + ___ = 13
11 + ___ = 15
14 + 6 = ___

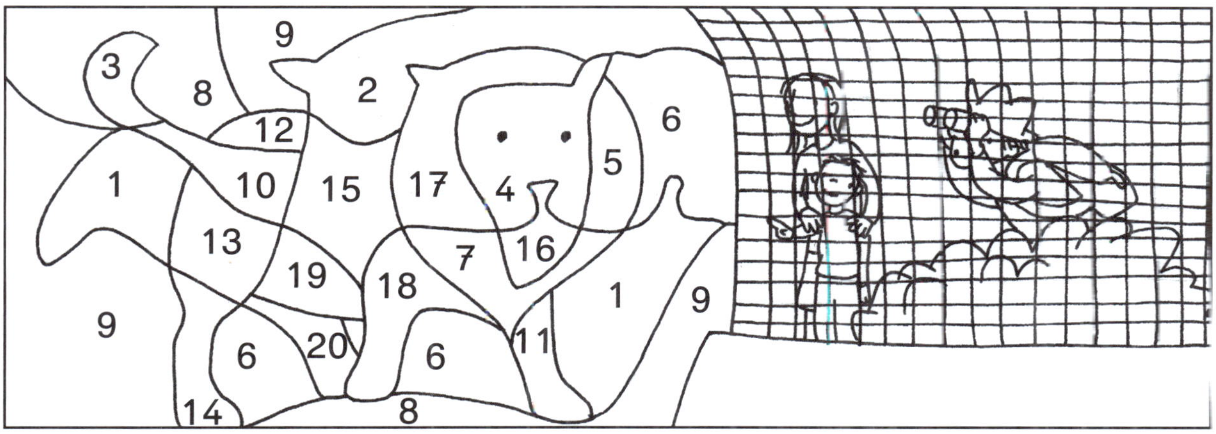


**3** Rechne und male an. Es gibt 4 Möglichkeiten.

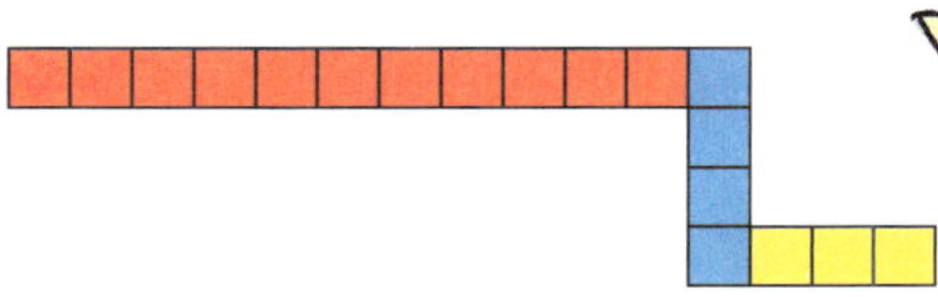

11 + 4 + ___ = ___

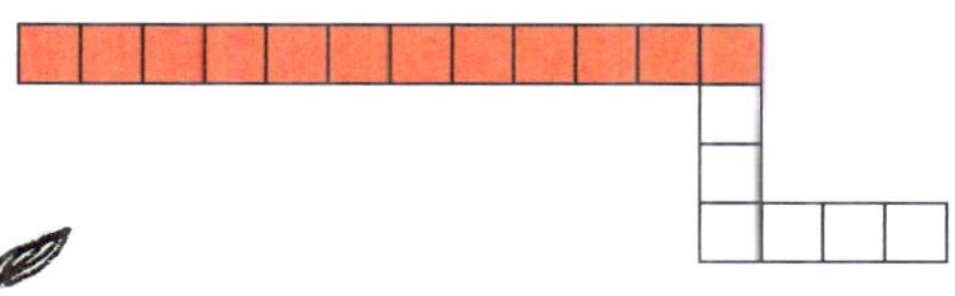

12 + ___ + ___ = ___

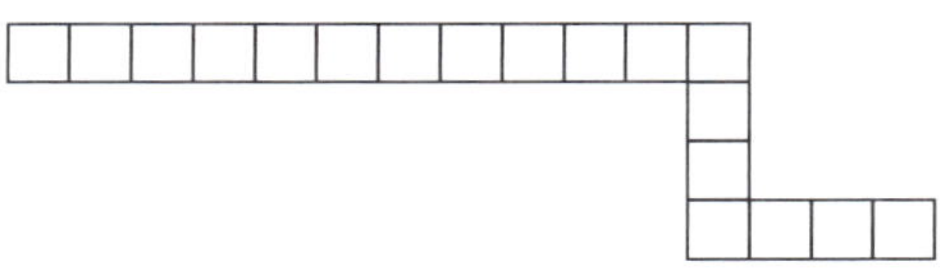

___ + ___ + ___ = ___

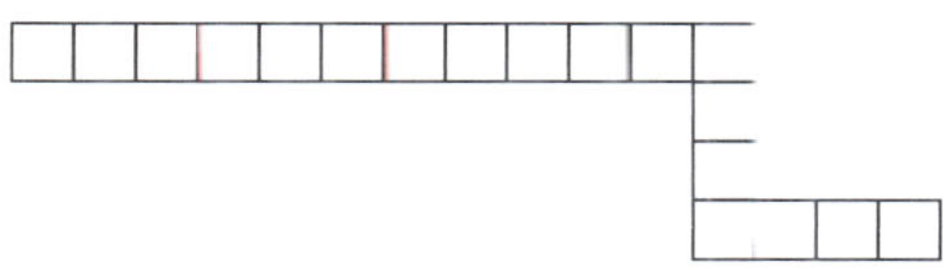

___ + ___ + ___ = ___

① In der Klasse 1a sind 12 Mädchen und nur 4 Jungen.
Wie viele Kinder sind in der Klasse?

Die Zeichnungen helfen dir.

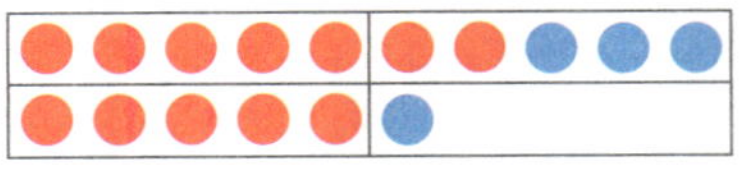

Rechnung: ___ ◯ ___ = ___

Antwort: In der Klasse sind ___ Kinder.

② In der Klasse 1b sind 18 Kinder, 8 sind Jungen.
Wie viele Mädchen sind in der Klasse?

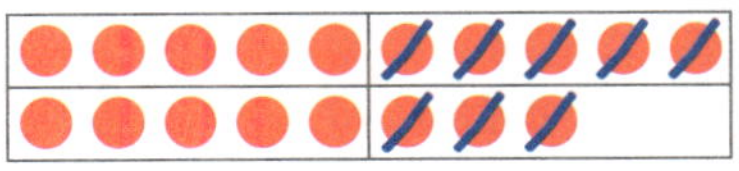

Rechnung: ___ ◯ ___ = ___

Antwort: ___ Mädchen sind in der Klasse.

③ In der Klasse 1c sind 16 Kinder, 5 Kinder haben blonde Haare.
Wie viele Kinder haben eine andere Haarfarbe?

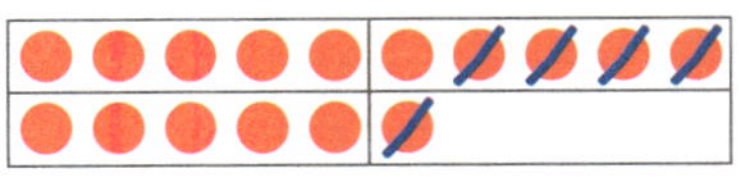

Rechnung: ___ ◯ ___ = ___

Antwort: ___ Kinder haben eine andere Haarfarbe.

④ In Jans Klasse sind 20 Kinder. Die meisten sammeln Fußballbilder. Nur 8 Kinder sammeln etwas anderes.
Wie viele Kinder sammeln Fußballbilder?

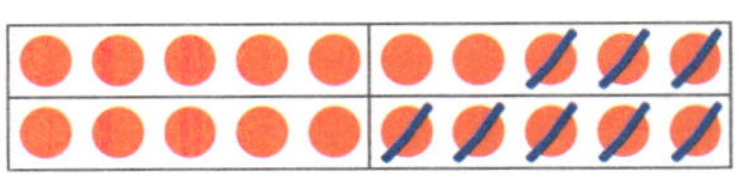

Rechnung: ___ ◯ ___ = ___

Antwort: ___ Kinder sammeln Fußballbilder.

⑤ Die 17 Kinder in Pias Klasse haben deutsche oder türkische Eltern. 4 Kinder haben türkische Eltern.
Wie viele Kinder haben deutsche Eltern?

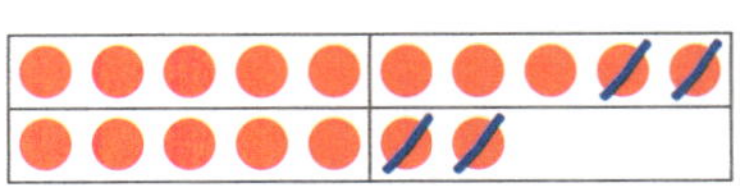

Rechnung: ___ ◯ ___ = ___

Antwort: ___ Kinder haben deutsche Eltern.

Entschlüssle das Lösungswort.

Lösungswort: ___ ___ ___ ___ ___

**1** Zeichne und rechne. Achte auf die Farben.

a)

Ali:

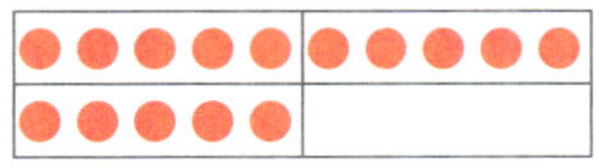

Tina:

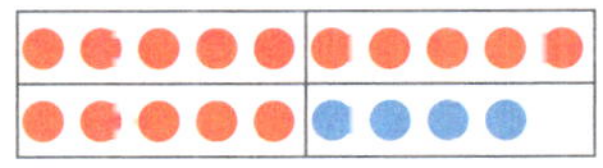

15 + ___ = ___

Tina hat ___ Bilder.

b)

Lara:

Sonja:

20 ◯ ___ = ___

Sonja hat ___ Murmeln.

**2** a)

b)

Resul:

Leila:

Luisa:

Anna:

19 ◯ ___ = ___

13 ◯ ___ = ___

13 ◯ ___ = ___

Resul hat ___ Murmeln.

Leila hat ___ Bücher, Luisa hat ___ Bücher.

# Spiel: Sackhüpfen

LH S. 3

**So geht's:**

- Startet beim Feld mit der Zahl 10.
- Würfelt nacheinander und rechnet die Aufgaben. Setzt die Spielfigur auf das passende Ergebnis.
- Wer erreicht als Erster genau das Zielfeld 20?

**Ihr braucht:**

① Was gehört zusammen? Verbinde und rechne.

a) 

Anna nimmt von 18 noch 3 weg.
Welche Zahl erhält sie?

b) 

Max nimmt von 16 noch 3 weg.
Welche Zahl erhält er?

c) 

Mirko zählt zu 16 noch 3 dazu.
Welche Zahl erhält er?

d) 

Pia nimmt von 14 noch 2 weg.
Welche Zahl erhält sie?

e) 

Silvia zählt zu 10 noch 3 dazu.
Welche Zahl erhält sie?

f) 

Tom zählt zu 14 noch 2 dazu.
Welche Zahl erhält er?

14 + 2 = __ __ ☐

14 – 2 = __ __ ☐

16 – 3 = __ __ ☐

16 + 3 = __ __ ☐

10 + 3 = __ __ ☐

18 – 3 = 1 5 F

Schreibe die passenden Buchstaben in der Reihenfolge der Aufgaben. Welches Lösungswort erhältst du?

| a) | b) | c) | d) | e) | f) |
|---|---|---|---|---|---|
| F | | | | | |

② Immer 4 Teile gehören zu einer Aufgabe. Male sie in der gleichen Farbe an.

| Am Anfang … | Dann … | Am Ende … | Antwort: |
|---|---|---|---|
| hast du 12. | zählst du 3 dazu. | hast du 18. | Deine Zahl heißt 11. |
| hast du 20. | zählst du 4 dazu. | hast du 19. | Deine Zahl heißt 19. |
| hast du 17. | nimmst du 2 weg. | hast du 16. | Deine Zahl heißt 18. |
| hast du 11. | nimmst du 6 weg. | hast du 14. | Deine Zahl heißt 16. |
| hast du 10. | zählst du 9 dazu. | hast du 11. | Deine Zahl heißt 14. |



0

## 1 Was steht auf den Fahnen? Rechne und setze fort.

| + 1 | immer gleich | ☐ ☐ |  |  |
|---|---|---|---|---|
| 12 | + | 3 | = | ___ |
| 13 | + | 3 | = | ___ |
| 14 | + | 3 | = | ___ |
| 15 | + | 3 | = | ___ |
| 16 | + | 3 | = | ___ |
| 17 | + | ☐ | = | ___ |

Ergebnisse:
8, 10, 12, 14,
15, 16, 16, 17,
18, 18, 19, 20

| − 1 | ☐ ☐ |  |  | ☐ ☐ |
|---|---|---|---|---|
| 20 | − | 2 | = | ___ |
| 19 | − | 3 | = | ___ |
| 18 | − | 4 | = | ___ |
| 17 | − | ___ | = | ___ |
| 16 | − | ___ | = | ___ |
| 15 | − | ☐ | = | ___ |

## 2 Setze fort und vergleiche.

| | |
|---|---|
| 1 + 16 = ___ | 16 + 1 = ___ |
| 2 + 17 = ___ | 17 + 2 = ___ |
| 3 + 15 = ___ | ___ + ___ = ___ |
| 4 + 14 = ___ | ___ + ___ = ___ |
| ___ + 12 = ___ | ___ + ___ = ___ |
| ☐ + 13 = ___ | ___ + ☐ = ___ |

## 3 Die Tauschaufgabe kann dir helfen.

| | | |
|---|---|---|
| 4 + 15 = ___ | 3 + 14 = ☐ | 18 − 5 = ☐ |
| 3 + 12 = ☐ | 19 − 4 = ___ | 4 + 12 = ___ |
| 5 + 11 = ___ | 15 + 3 = ☐ | 3 + 11 = ___ |
| 16 − 3 = ☐ | 6 + 13 = ___ | 2 + 16 = ☐ |

☐ ☐ ☐ ☐ ☐ ☐ ☐ ☐ ☐ ☐

Lösungswort: ___ ___ ___ ___ ___ ___ ___ ___ ___ ___

**1** Rechne und zeichne.

a)

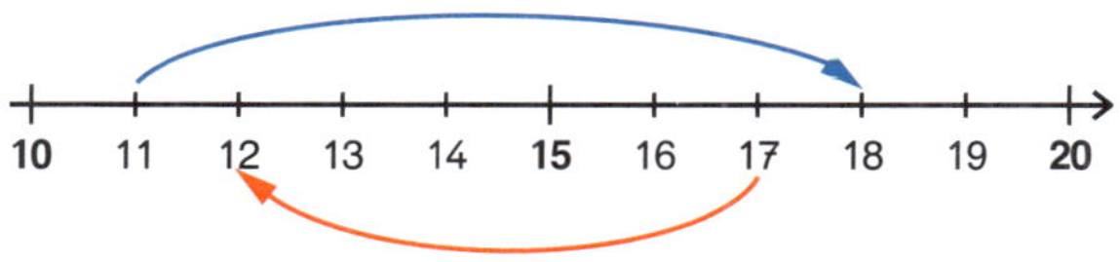


___ ◯ ___ = ___

___ ◯ ___ = ___

b)

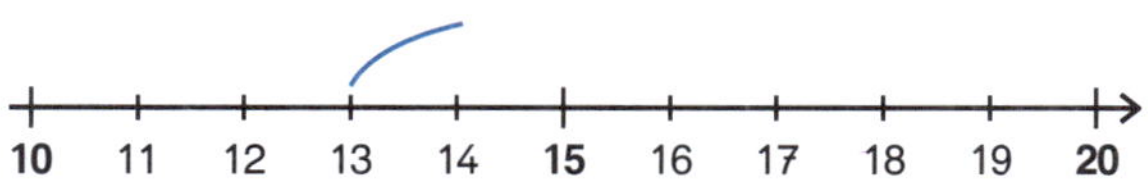


13 + 4 = ___

19 – 6 = ___

**2** Rechne. Die kleine Aufgabe hilft dir.

a)
5 + 4 = ___
15 + 4 = ___

3 + 6 = ___
13 + 6 = ___

b)
9 – 8 = ___
19 – 8 = ___

7 – 3 = ___
17 – 3 = ___

c)
2 + 5 = ___
___ + 5 = ___

8 – 6 = ___
___ – 6 = ___

**3** Rechne und male passend an.

a)
11 + 2 = ___ (blau)
18 – 4 = ___ (gelb)
14 + 2 = ___ (rot)
12 + 5 = ___ (blau)
19 – 8 = ___ (rot)
14 – 2 = ___ (gelb)

b)
16 – 5 = ___ (blau)
13 + 4 = ___ (gelb)
19 – 6 = ___ (rot)
13 + 3 = ___ (rot)
19 – 4 = ___ (blau)
15 + 5 = ___ (rot)

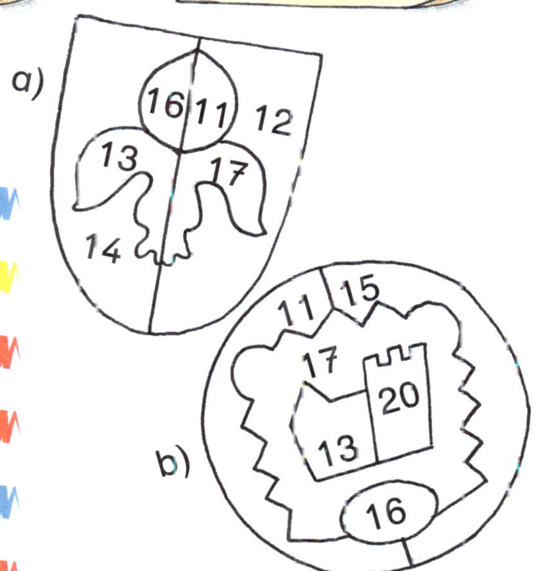


**4** In der Klasse 1a sind 19 Kinder.
Davon haben 7 Kinder schon den Schwimmschein.
Wie viele Kinder haben noch keinen Schwimmschein?

Rechnung: ___ ◯ ___ = ___

Antwort: ___ Kinder haben noch keinen Schwimmschein.

① Schreibe und rechne.

Am Anfang … Dann … Am Ende …

___ ⊕ ___ = ___

  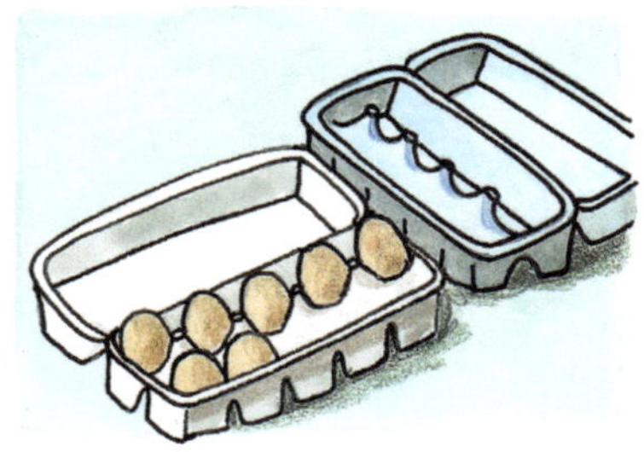

___ ⊖ ___ = ___

② Wie heißen die Rechnungen?

___ ⊕ ___ = ___

___ ⊖ ___ = ___

③ Zähle und rechne. Kontrolliere mithilfe der Drehscheibe.

___ ◯ ___ ◯ ___ = ▢▢

___ ◯ ___ ◯ ___ = ▢▢

① Immer das Doppelte. Male und rechne.

●●
●●●●● ●●
7 + ___ = ___

●●●●● ●●●
___ + ___ = ___

●●●●● ●●●●
___ + ___ = ___

●●●●● ●●●●●
___ + ___ = ___

Ergebniszahlen:
14, 16, 18, 20

② Welche Zahlen kannst du halbieren? Male ☺.
Welche Zahlen kannst du nicht halbieren? Male ☹.

4 ☺, 2 ☹

12 = 6 + ___ ◯

11 = ___ + ___ ◯

14 = ___ + ___ ◯

16 = ___ + ___ ◯

13 = ___ + ___ ◯

20 = ___ + ___ ◯

③ a) Halbiere, wenn möglich.

| 1 | 2 | 3 | 4 | 5 | 6 | 7 | 8 | 9 | 10 |
|---|---|---|---|---|---|---|---|---|---|
| – | 1 | | | | | | | | |

| 11 | 12 | 13 | 14 | 15 | 16 | 17 | 18 | 19 | 20 |
|---|---|---|---|---|---|---|---|---|---|
| | | | | | | | | | |

b) Kreise alle Felder mit geraden Zahlen rot ein.

④ Paul denkt sich eine Zahl. Die Hälfte der Zahl ist 8. Welche Zahl ist gemeint? Zahl: ___

① Paul und Emma machen große Sprünge. Schreibe und rechne.

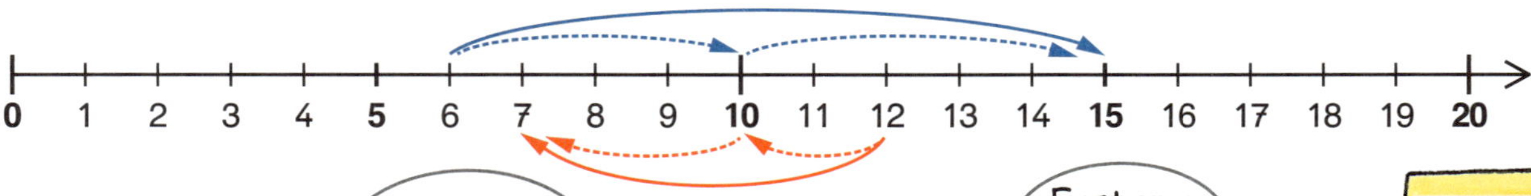

2, 3, 4, 5, 6, 7, 12, 15

___ $\xrightarrow{+}$ 10 $\xrightarrow{+}$ ___ ___ $\xrightarrow{-}$ 10 $\xrightarrow{-}$ ___

② Zeichne Pfeile und rechne.

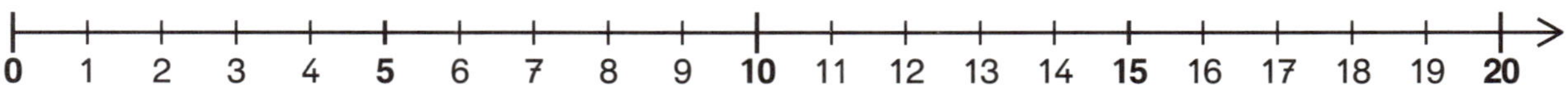


a) 7 $\xrightarrow{+7}$ ___ b) 16 $\xrightarrow{-8}$ ___

8, 14

③ Wie heißt die Zielzahl? Der Zahlenstrahl oben hilft dir.

a) 9 $\xrightarrow{+6}$ ___
13 $\xrightarrow{-6}$ ___
11 $\xrightarrow{-9}$ ___

b) 9 $\xrightarrow{+8}$ ___
4 $\xrightarrow{+7}$ ___
12 $\xrightarrow{-9}$ ___

Lösungswort: ___ ___ ___ ___ ___ ___

④ Bei welcher Zahl landen die Tiere? 8, 12, 12, 15

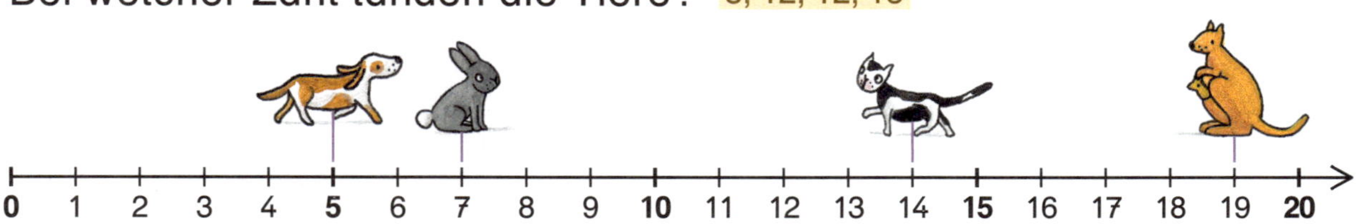

7 Schritte nach rechts: 5 $\xrightarrow{+}$ ___

6 Schritte nach links: ___ $\xrightarrow{-}$ ___

5 Schritte nach rechts: ___ $\xrightarrow{+}$ ___

4 Schritte nach links: ___ $\xrightarrow{-}$ ___

(zum Herausnehmen die mittlere Klammer lösen)

## Die Zahlen bis 20 bündeln

LH S. 1

① Immer 10 auf eine Kette. Verbinde.

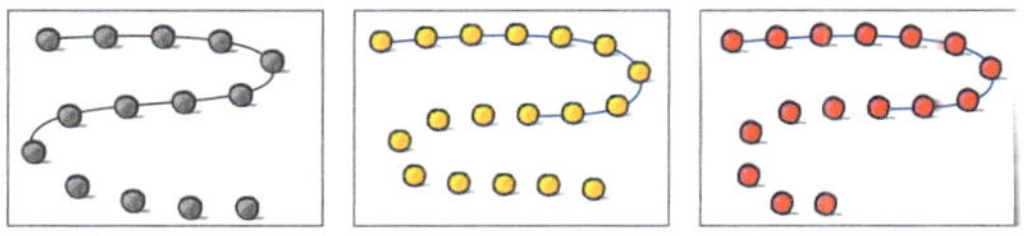

1 Kette / 4 Einzelne — 1 Kette / 8 Einzelne — 1 Kette / 6 Einzelne

1, 1, 1, 4, 6, 8

② Umkreise immer 10 und trage ein.

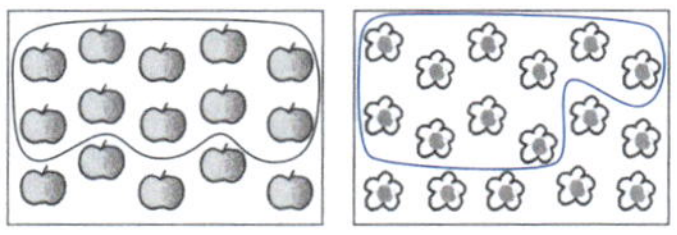

| Zehner | Einer |
|---|---|
| 1 | 5 |

| Zehner | Einer |
|---|---|
| 1 | 7 |

③ a) Auf einen Blick. Trage die Zahlen ein.

| Z | E |
|---|---|
| 1 | 9 |

| Z | E |
|---|---|
| 1 | 5 |

| Z | E |
|---|---|
| 1 | 0 |

0, 1, 1, 1, 5, 9

b) Zeichne wie in Aufgabe a).

| Z | E |
|---|---|
| 1 | 4 |

| Z | E |
|---|---|
| 2 | 0 |

| Z | E |
|---|---|
| 1 | 2 |

4

## Zahlen schreiben und vergleichen

LH S. 1

① Sprich laut und schreibe.

| | Z | E |
|---|---|---|
| vierzehn | 1 | 4 |
| sechzehn | 1 | 6 |
| neunzehn | 1 | 9 |
| elf | 1 | 1 |

| | Z | E |
|---|---|---|
| achtzehn | 1 | 8 |
| zwölf | 1 | 2 |
| zwanzig | 2 | 0 |
| einundzwanzig | 2 | 1 |

② Schreibe zuerst die Zehner, dann die Einer.

| | Z | E |
|---|---|---|
| 1 Z 3 E | 1 | 3 |
| 0 Z 9 E | 0 | 9 |
| 2 Z 0 E | 2 | 0 |

| | Z | E |
|---|---|---|
| 1 Z 8 E | 1 | 8 |
| 0 Z 8 E | 0 | 8 |
| 1 Z 2 E | 1 | 2 |

| | Z | E |
|---|---|---|
| 16 E | 1 | 6 |
| 4 E | 0 | 4 |
| 19 E | 1 | 9 |

③ Vergleiche die Höhe der Bäume. 10, 13, 15, 15, 15, 19, 20, 20, <, =, >, >

20 > 15 — 15 = 15 — 20 > 10 — 13 < 19

④ <, > oder = ? Trage ein.

11 < 20 — 17 > 15 — 12 = 12

16 = 16 — 14 = 14 — 14 > 11

10 > 1 — 2 < 20 — 13 < 19

5

Fertig? Trage unter die Zahl im Farbfeld und hinten im Heft den passenden Buchstaben ein. 8 K

## Vorgänger und Nachfolger

LH S. 1

① Ergänze die fehlenden Zahlen.

0 1 2 3 4 5 6 7 8 9 10 11 12 13 14 15 16 17 18 19 20

② Schreibe den Vorgänger und den Nachfolger.

| | | |
|---|---|---|
| 14 | 15 | 16 |
| 10 | 11 | 12 |
| 18 | 19 | 20 |
| 10 | 11 | 12 |
| 16 | 17 | 18 |
| 13 | 14 | 15 |

Schreibe für jede Zahl im Farbfeld den zugehörigen Buchstaben. Wie heißt das Lösungswort?

| 2 | 0 | 1 | 7 | 5 |
|---|---|---|---|---|
| S | O | N | N | E |

③ Ergänze die fehlenden Zahlen.

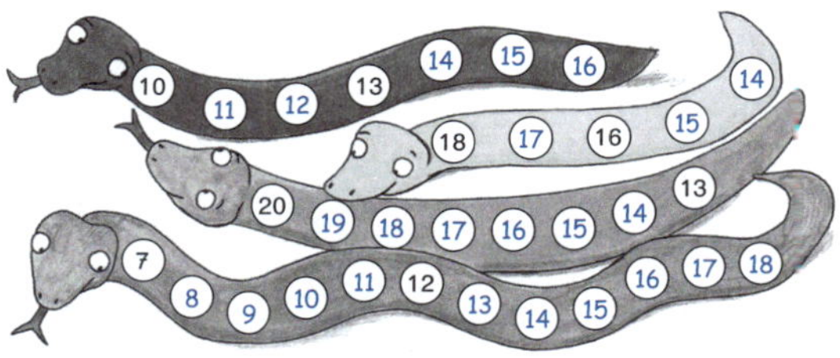


④ Schreibe die Zahlen und male an. Achte auf die Reihenfolge.

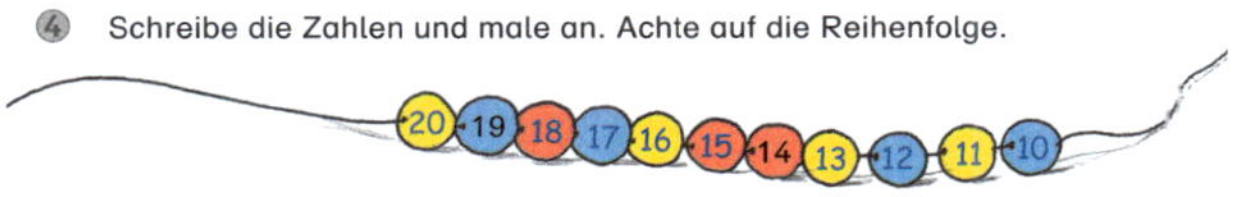


14, 15, 18 — 10, 12, 17, 19 — 11, 13, 16, 20

6

## Zahlen zerlegen und ergänzen

LH S. 1

① a) Zerlege die Zahl 17.

12 + 5 — 15 + 2 — 11 + 6 — 10 + 7

b) Zerlege und male passend an.

16 = 13 + 3 — 18 = 12 + 6 — 12 = 10 + 2

2, 2, 3, 5, 6, 6, 7, 10, 11, 12, 15

② Zerlege und setze fort.

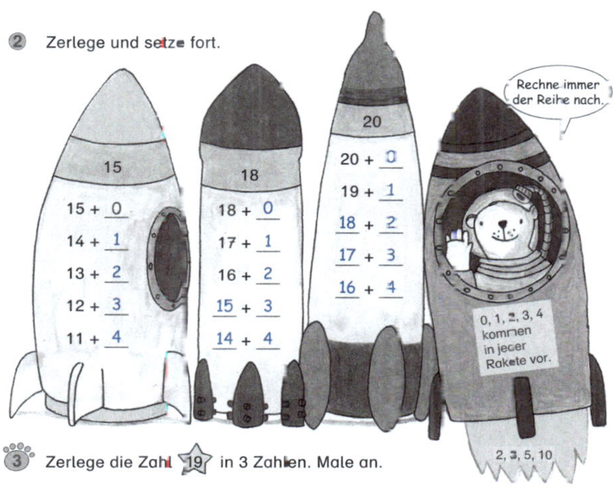


③ Zerlege die Zahl 19 in 3 Zahlen. Male an.

13 + 4 + 2 — 12 + 5 + 2

10 + 6 + 3 — 15 + 3 + 1

2, 3, 5, 10

8

# Lösungsheft

## Rechnen am Zahlenstrahl  (LH S. 2)

1. Wie heißen die Aufgaben? *(7, 8, 11, 13, 19, 20)*

   + 8: 11 (+) 8 = 19
   − 7: 20 (−) 7 = 13

2. Schreibe die Aufgaben und rechne.

   a) + 7: 12 + 7 = 19 − 6: 17 − 6 = 11

   b) + 5: 12 + 5 = 17 − 8: 20 − 8 = 12

3. Zeichne die Pfeile und rechne.

   a) 11 + 8 = 19
   17 − 5 = 12

   b) 13 + 4 = 17
   20 − 6 = 14

Jede Zahl im Farbfeld steht für einen Buchstaben. Wie heißt das Lösungswort?

| 1 | 7 | 2 | 9 | 5 | 7 | 6 |
|---|---|---|---|---|---|---|
| E | I | S | Z | E | I | T |

4. Denke dir zwei eigene Pfeilbilder aus und rechne.

   Beispiel: + 4, − 4



2 M

## Große und kleine Aufgaben  (LH S. 2)

1. Rechne. Male die große und die kleine Aufgabe in derselben Farbe an.

18 − 5 = 13 | 19 − 4 = 15 | 18 − 3 = 15 | 8 − 7 = 1 | 5 − 3 = 2 | 15 − 3 = 12 | 9 − 4 = 5 | 17 − 4 = 13 | 8 − 3 = 5 | 18 − 7 = 11 | 8 − 5 = 3

Hinweis: Die Farben können auch anders dargestellt werden.

2. Rechne geschickt.

| | | |
|---|---|---|
| a) 11 + 4 = 15 | 11 + 3 = 14 | 14 + 5 = 19 |
| 1 + 4 = 5 | 1 + 3 = 4 | 4 + 5 = 9 |
| b) 13 + 5 = 18 | 13 + 2 = 15 | 11 + 1 = 12 |
| 3 + 5 = 8 | 3 + 2 = 5 | 1 + 1 = 2 |
| c) 12 + 2 = 14 | 14 + 3 = 17 | 12 + 4 = 16 |
| 2 + 2 = 4 | 4 + 3 = 7 | 2 + 4 = 6 |

| 5 | 4 | 1 | 5 | 1 | 7 | 6 |
|---|---|---|---|---|---|---|
| E | L | E | F | A | N | T |

Lösungswort: E L E F A N T

3. Rechne und vergleiche die Ergebnisse.

a) kleine Aufgabe

| + | 3 | 5 |
|---|---|---|
| 4 | 7 | 9 |
| 3 | 6 | 8 |
| 5 | 8 | 10 |

große Aufgabe

| + | 3 | 5 |
|---|---|---|
| 14 | 17 | 19 |
| 13 | 16 | 18 |
| 15 | 18 | 20 |

b) kleine Aufgabe

| − | 3 | 5 |
|---|---|---|
| 9 | 6 | 4 |
| 6 | 3 | 1 |
| 7 | 4 | 2 |

große Aufgabe

| − | 3 | 5 |
|---|---|---|
| 19 | 16 | 14 |
| 16 | 13 | 11 |
| 17 | 14 | 12 |

6, 7, 8, 8, 9, 10, 16, 17, 18, 18, 19, 20

1, 2, 3, 4, 4, 6, 11, 12, 13, 14, 14, 16



## Rechnen im zweiten Zehner  (LH S. 2)

1. Ergänze die fehlenden Zahlen.

   Zahlenmauern: 20 / 15 5 / 12 3 2 — 18 / 14 4 / 14 0 4 — 20 5 2 / 15 3 / 12

2. Rechne. Male die Ergebnisfelder im Bild an.

| | | |
|---|---|---|
| 19 − 4 = 15 | 20 − 2 = 18 | 12 + 7 = 19 |
| 17 − 6 = 11 | 18 − 8 = 10 | 11 + 5 = 16 |
| 15 − 2 = 13 | 16 − 4 = 12 | 10 + 3 = 13 |
| 18 − 4 = 14 | 19 − 0 = 19 | 11 + 4 = 15 |
| 20 − 4 = 16 | 20 − 3 = 17 | 14 + 6 = 20 |

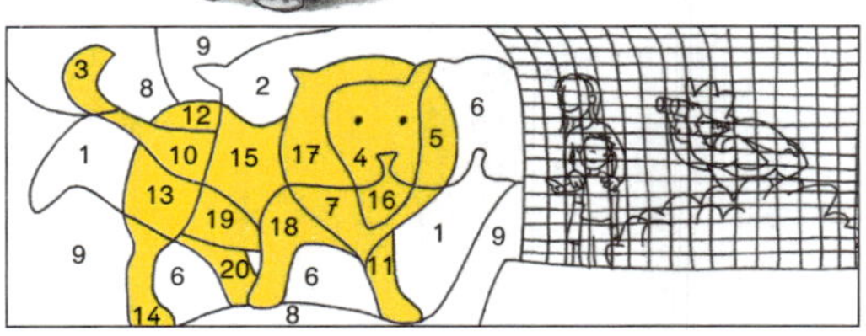

3. Rechne und male an. Es gibt 4 Möglichkeiten. Die Reihenfolge ist beliebig.

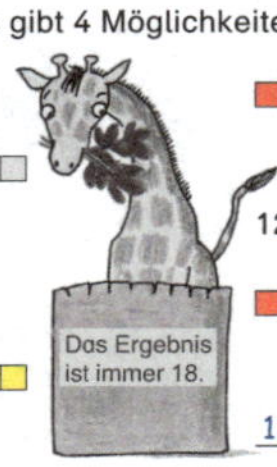


11 + 4 + 3 = 18 12 + 3 + 3 = 18

11 + 3 + 4 = 18 12 + 2 + 4 = 18



3 C

## Rechengeschichten: In der Schule  (LH S. 2)

1. In der Klasse 1a sind 12 Mädchen und nur 4 Jungen. Wie viele Kinder sind in der Klasse?

   Rechnung: 12 (+) 4 = 16
   Antwort: In der Klasse sind 16 Kinder.

2. In der Klasse 1b sind 18 Kinder, 8 sind Jungen. Wie viele Mädchen sind in der Klasse?

   Rechnung: 18 (−) 8 = 10
   Antwort: 10 Mädchen sind in der Klasse.

3. In der Klasse 1c sind 16 Kinder, 5 Kinder haben blonde Haare. Wie viele Kinder haben eine andere Haarfarbe?

   Rechnung: 16 (−) 5 = 11
   Antwort: 11 Kinder haben eine andere Haarfarbe.

4. In Jans Klasse sind 20 Kinder. Die meisten sammeln Fußballbilder. Nur 8 Kinder sammeln etwas anderes. Wie viele Kinder sammeln Fußballbilder?

   Rechnung: 20 (−) 8 = 12
   Antwort: 12 Kinder sammeln Fußballbilder.

5. Die 17 Kinder in Pias Klasse haben deutsche oder türkische Eltern. 4 Kinder haben türkische Eltern. Wie viele Kinder haben deutsche Eltern?

   Rechnung: 17 (−) 4 = 13
   Antwort: 13 Kinder haben deutsche Eltern.

| 6 | 1 | 5 | 2 | 4 |
|---|---|---|---|---|
| T | A | F | E | L |

Lösungswort: T A F E L



Die Zahlen-Dreher 1 · Themenheft 2

## Zu Rechengeschichten zeichnen — LH S. 3

① Zeichne und rechne. Achte auf die Farben.

a) "Ich habe 15 Bilder." (Ali) – "Ich habe 4 mehr." (Tina)

Ali: ●●●●●●●●●● ●●●●● — Tina: ●●●●●●●●●● ●●●●●●●●●

15 + 4 = 19

Tina hat 19 Bilder.

b) "Ich habe 20 Murmeln." (Lara) – "Ich habe 5 weniger." (Sonja)

Lara: ●●●●●●●●●● ●●●●●●●●●● — Sonja: ●●●●●●●●●● ●●●●●●●●●●

20 (–) 5 = 15

Sonja hat 15 Murmeln.

② a) "Ich habe 19 Murmeln und nehme 5 heraus." (Resul)

b) "Ich habe 2 Bücher weniger als Anna." (Leila) – "Ich habe 4 Bücher mehr als Anna." (Luisa) – "Ich habe 13 Bücher." (Anna)

Resul: 19 (–) 5 = 14

Leila: 13 (–) 2 = 11

Luisa: 13 (+) 4 = 17

Resul hat 14 Murmeln. Leila hat 11 Bücher, Luisa hat 17 Bücher.

Ergebniszahlen für ①, ②: 11, 14, 15, 17, 19

13

## Spiel: Sackhüpfen — LH S. 3

"Hier siehst du die Ergebnisse der Aufgaben."

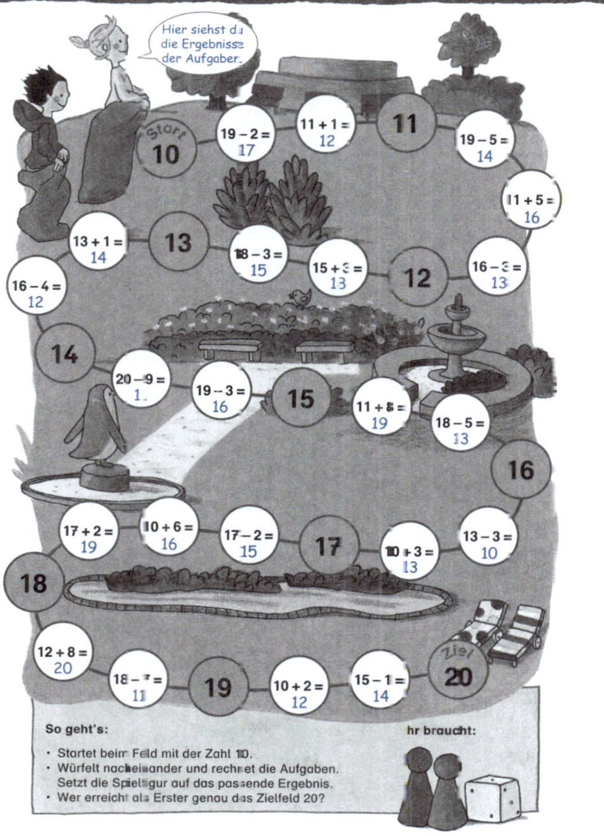


**So geht's:**

- Startet beim Feld mit der Zahl 10.
- Würfelt nacheinander und rechnet die Aufgaben. Setzt die Spielfigur auf das passende Ergebnis.
- Wer erreicht als Erster genau das Zielfeld 20?

**Ihr braucht:**

14

## Rechenrätsel — LH S. 3

① Was gehört zusammen? Verbinde und rechne.

a) Anna nimmt von 18 noch 3 weg. Welche Zahl erhält sie?

b) Max nimmt von 16 noch 3 weg. Welche Zahl erhält er?

c) Mirko zählt zu 16 noch 3 dazu. Welche Zahl erhält er?

d) Pia nimmt von 14 noch 2 weg. Welche Zahl erhält sie?

e) Silvia zählt zu 10 noch 3 dazu. Welche Zahl erhält sie?

f) Tom zählt zu 14 noch 2 dazu. Welche Zahl erhält er?

14 + 2 = 16 H

14 – 2 = 12 S

16 – 3 = 13 R

16 + 3 = 19 O

10 + 3 = 13 C

18 – 3 = 15 F

Schreibe die passenden Buchstaben in der Reihenfolge der Aufgaben. Welches Lösungswort erhältst du?

| a) | b) | c) | d) | e) | f) |
|---|---|---|---|---|---|
| F | R | O | S | C | H |

② Immer 4 Teile gehören zu einer Aufgabe. Male sie in der gleichen Farbe an.

| Am Anfang … | Dann … | Am Ende … | Antwort: |
|---|---|---|---|
| hast du 12. | zählst du 3 dazu. | hast du 18. | Deine Zahl heißt 11. |
| hast du 20. | zählst du 4 dazu. | hast du 19. | Deine Zahl heißt 19. |
| hast du 17. | nimmst du 2 weg. | hast du 16. | Deine Zahl heißt 18. |
| hast du 11. | nimmst du 6 weg. | hast du 14. | Deine Zahl heißt 16. |
| hast du 10. | zählst du 9 dazu. | hast du 11. | Deine Zahl heißt 14. |

15

## Zusammenhänge erkennen — LH S. 3

① Was steht auf den Fahnen? Rechne und setze fort.

| | | | | |
|---|---|---|---|---|
| 12 | + | 3 | = | 15 |
| 13 | + | 3 | = | 16 |
| 14 | + | 3 | = | 17 |
| 15 | + | 3 | = | 18 |
| 16 | + | 3 | = | 19 |
| 17 | + | 3 | = | 20 |

Fahnen: + 1, immer gleich, + 1

Ergebnisse: 8, 10, 12, 14, 15, 16, 16, 17, 18, 18, 19, 20

| | | | | |
|---|---|---|---|---|
| 20 | – | 2 | = | 18 |
| 19 | – | 3 | = | 16 |
| 18 | – | 4 | = | 14 |
| 17 | – | 5 | = | 12 |
| 16 | – | 6 | = | 10 |
| 15 | – | 7 | = | 8 |

Fahnen: – 1, + 1, – 2

② Setze fort und vergleiche.

"Jedes Ergebnis kommt 4-mal vor."

Ergebnisse: 17, 18, 19

| | |
|---|---|
| 1 + 16 = 17 | 16 – 1 = 17 |
| 2 + 17 = 19 | 17 + 2 = 19 |
| 3 + 15 = 18 | 15 + 3 = 18 |
| 4 + 14 = 18 | 14 + 4 = 18 |
| 5 + 12 = 17 | 12 + 5 = 17 |
| 6 + 13 = 19 | 13 + 6 = 19 |

③ Die Tauschaufgabe kann dir helfen.

"Tauschen geht nur bei Plusaufgaben."

| | | |
|---|---|---|
| 4 + 15 = 19 | 3 + 14 = 17 | 18 – 5 = 13 |
| 3 + 12 = 15 | 19 – 4 = 15 | 4 + 12 = 16 |
| 5 + 11 = 16 | 15 + 3 = 18 | 3 + 11 = 14 |
| 16 – 3 = 13 | 6 + 13 = 19 | 2 + 16 = 18 |

| 3 | 7 | 6 | 6 | 5 | 3 | 7 | 8 | 3 | 8 |
|---|---|---|---|---|---|---|---|---|---|
| R | I | T | T | E | R | B | U | R | G |

Lösungswort: RITTERBURG

16

## Vom Bild zur Aufgabe

LH S. 4

1 Schreibe und rechne.

Am Anfang ... | Dann ... | Am Ende ...

9 (+) 2 = 11

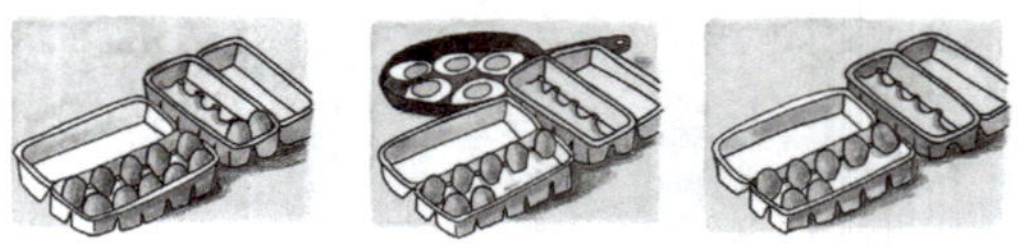

12 (−) 5 = 7

2 Wie heißen die Rechnungen?

7 (+) 6 = 13

14 (−) 8 = 6

3 Zähle und rechne. Kontrolliere mithilfe der Drehscheibe.

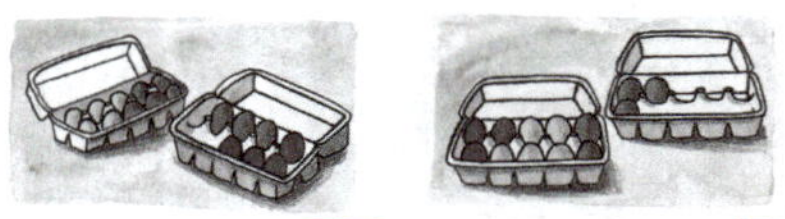

5 (+) 8 (+) 4 = 17

3 (+) 5 (+) 5 = 13

| 1 | 7 | 1 | 3 |
|---|---|---|---|
| E | I | E | R |

18

## Verdoppeln und halbieren

LH S. 4

1 Immer das Doppelte. Male und rechne.

7 + 7 = 14

8 + 8 = 16

9 + 9 = 18

10 + 10 = 20

2 Welche Zahlen kannst du halbieren? Male ☺.
Welche Zahlen kannst du nicht halbieren? Male ☹.

4☺, 2☹

12 = 6 + 6 ☺ | 11 = 6 + 5 ☹ | 14 = 7 + 7 ☺

16 = 8 + 8 ☺ | 13 = 7 + 6 ☹ | 20 = 10 + 10 ☺

3 a) Halbiere, wenn möglich.

| 1 | (2) | 3 | (4) | 5 | (6) | 7 | (8) | 9 | (10) |
|---|---|---|---|---|---|---|---|---|---|
| – | 1 | – | (2) | – | 3 | – | (4) | – | 5 |

| 11 | (12) | 13 | (14) | 15 | (16) | 17 | (18) | 19 | (20) |
|---|---|---|---|---|---|---|---|---|---|
| – | (6) | – | 7 | – | (8) | – | 9 | – | (10) |

b) Kreise alle Felder mit geraden Zahlen rot ein.

4 Paul denkt sich eine Zahl. Die Hälfte der Zahl ist 8. Welche Zahl ist gemeint? Zahl: 16

19

2 S

## Sprünge auf dem Zahlenstrahl

LH S. 4

1 Paul und Emma machen große Sprünge. Schreibe und rechne.

6 —+4→ 10 —+5→ 15

12 —−2→ 10 —−3→ 7

2 Zeichne Pfeile und rechne.

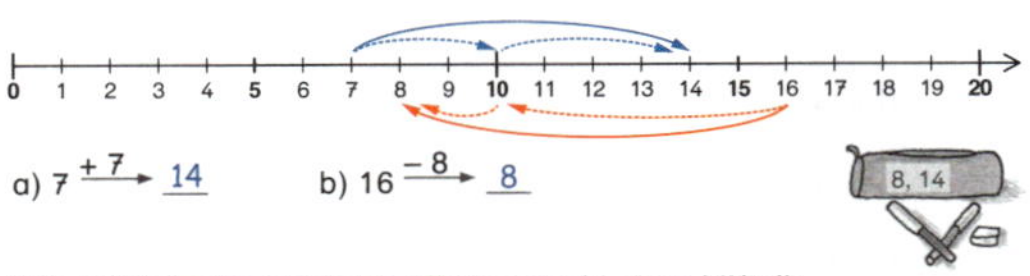


a) 7 —+7→ 14 b) 16 —−8→ 8

3 Wie heißt die Zielzahl? Der Zahlenstrahl oben hilft dir.

a) 9 —+6→ 15 | 13 —−6→ 7 | 11 —−9→ 2

b) 9 —+8→ 17 | 4 —+7→ 11 | 12 —−9→ 3

Lösungswort:

| 5 | 7 | 2 | 7 | 1 | 3 |
|---|---|---|---|---|---|
| E | I | S | B | Ä | R |

4 Bei welcher Zahl landen die Tiere? 8, 12, 12, 15

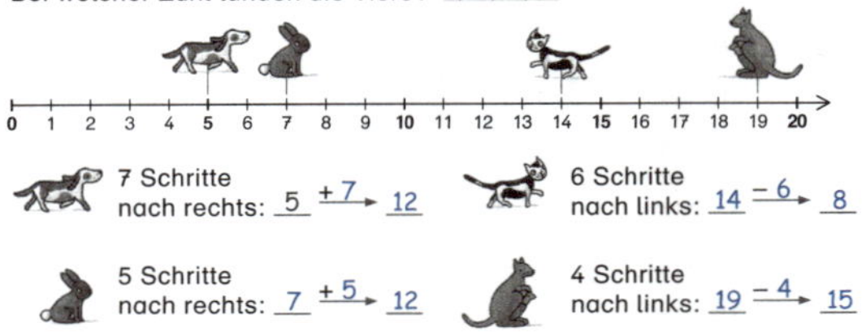


7 Schritte nach rechts: 5 —+7→ 12

6 Schritte nach links: 14 —−6→ 8

5 Schritte nach rechts: 7 —+5→ 12

4 Schritte nach links: 19 —−4→ 15

20

## Bis zur 10 und dann weiter

LH S. 4

1 Rechne mit Zwischenstopp bei 10.

6 + 7 = 13
6 + 4 + 3 = 13
10

5 + 9 = 14
5 + 5 + 4 = 14
10

4 + 7 = 11
4 + 6 + 1 = 11
10

9 + 3 = 12
9 + 1 + 2 = 12
10

7 + 5 = 12
7 + 3 + 2 = 12
10

8 + 6 = 14
8 + 2 + 4 = 14
10

2 Rechne geschickt.

6 + 8 = 14 | 5 + 7 = 12 | 8 + 6 = 14 | 5 + 9 = 14

9 + 7 = 16 | 6 + 7 = 13 | 8 + 7 = 15 | 7 + 8 = 15

8 + 4 = 12 | 7 + 9 = 16 | 8 + 8 = 16 | 7 + 7 = 14

3 Zur 10 zurück, dann noch ein Stück. Streiche durch und rechne.

13 − 5 = 8
13 − 3 − 2 = 8
10

12 − 6 = 6
12 − 2 − 4 = 6
10

14 − 8 = 6
14 − 4 − 4 = 6
10

4 Rechne auf deinem Weg.

| | | |
|---|---|---|
| 12 − 6 = 6 | 14 − 7 = 7 | 11 − 6 = 5 |
| 13 − 4 = 9 | 15 − 8 = 7 | 12 − 7 = 5 |
| 11 − 3 = 8 | 16 − 9 = 7 | 13 − 6 = 7 |

21

1 A

## Mit Nachbaraufgaben über die 10 (LH S. 5)

1 Rechne zuerst die Aufgabe, die du schon gut lösen kannst.

5 + 6 = 11 | 8 + 7 = 15 | 15 − 8 = 7 | 17 − 9 = 8
6 + 6 = 12 | 8 + 8 = 16 | 16 − 8 = 8 | 18 − 9 = 9
7 + 6 = 13 | 8 + 9 = 17 | 17 − 8 = 9 | 19 − 9 = 10

2 Eine Aufgabe, 4 Nachbaraufgaben: Rechne geschickt.

6 + 8 = 14
7 + 7 = 14 | 7 + 8 = 15 | 7 + 9 = 16
8 + 8 = 16

Verdoppeln hilft dir:
7 + 8 = 7 + 7 + 1 = 15
oder 8 + 8 − 1 = 15

7 + 9 = 16
8 + 8 = 16 | 8 + 9 = 17 | 8 + 10 = 18
9 + 9 = 18

8 + 9 = 8 + 8 + 1 = 17
oder 9 + 9 − 1 = 17

3 Wie heißen die Nachbaraufgaben? Nutze die Halbierungsaufgabe.

16 − 8 = 8
17 − 7 = 10 | 17 − 8 = 9 | 17 − 9 = 8
18 − 8 = 10

17 − 8 =
16 − 8 + 1 = 9

Beim Halbieren gibt es nur eine Aufgabe.

10 − 6 = 4
11 − 5 = 6 | 11 − 6 = 5 | 11 − 7 = 4
12 − 6 = 6

11 − 6 =
12 − 6 − 1 = 5

4 Nahe an der 10. Rechne aus.

5 + 9 = 14 | 14 − 9 = 5 | 7 + 9 = 16
5 + 10 − 1 = 14 | 14 − 10 + 1 = 5 | 7 + 10 − 1 = 16

Ergebnisse: 5, 5, 14, 14, 16, 16



## Platzhalter- und Umkehraufgaben (LH S. 5)

1 Wie heißen die fehlenden Zahlen? Ergänze.

8 + 5 = 13 | 15 − 8 = 7 | 5 + 8 = 13
6 + 9 = 15 | 17 − 8 = 9 | 16 − 7 = 9
7 + 5 = 12 | 13 − 8 = 5 | 4 + 7 = 11

8 + 5 = 13
8 + 2 + 3 = 13
5

5, 5, 7, 7, 8, 8, 8, 8, 9

2 Drei Zahlen – vier verwandte Aufgaben.

Das Beispiel hilft dir.

a) 8 6 14

8 + 6 = 14 ← Tauschaufgabe → 6 + 8 = 14
14 − 6 = 8 — Umkehraufgabe — 14 − 8 = 6

Die Zahlen sind in jeder Teilaufgabe gleich.

b) 9 6 15 c) 6 13 7

9 + 6 = 15 | 6 + 9 = 15 | 6 + 7 = 13 | 7 + 6 = 13
15 − 6 = 9 | 15 − 9 = 6 | 13 − 7 = 6 | 13 − 6 = 7

3 Rechne mithilfe der Umkehraufgabe.
Aus Plus wird Minus, aus Minus wird Plus

8 + 5 = 13 / 13 − 5 = 8
16 − 7 = 9 / 9 + 7 = 16
7 + 8 = 15 / 15 − 8 = 7
14 − 6 = 8 / 8 + 6 = 14
7 + 6 = 13 / 13 − 6 = 7
20 − 6 = 14 / 14 + 6 = 20

Die Zahlen sind in jedem Päckchen gleich.

4 Platzhalter in der Mitte und vorne: Rechne geschickt.

6 + 9 = 15 | 14 − 8 = 6 | 9 + 7 = 16 | 11 − 6 = 5
4 + 7 = 11 | 16 − 9 = 7 | 7 + 4 = 11 | 13 − 8 = 5

7, 7, 8, 9, 9, 9, 11, 13

4 L



## Rechenwege und Rechentricks (LH S. 5)

1 Rechne auf deinem Weg. Die Rechentricks helfen dir.

| 13 + 4 = 17<br>3 + 4 = 7<br>Die kleine Aufgabe hilft. | 7 + 5 = 12<br>7 + 3 + 2 = 12<br>Bis zur 10, dann weiter | 14 − 6 = 8<br>8 + 6 = 14<br>Rechnen mit der Umkehraufgabe |
|---|---|---|

13 + 4 = 17 | 7 + 5 = 12 | 14 − 6 = 8
19 − 5 = 14 | 12 − 4 = 8 | 7 + 4 = 11
18 − 7 = 11 | 9 + 6 = 15 | 9 + 4 = 13
17 − 4 = 13 | 11 − 4 = 7 | 8 + 7 = 15
12 + 3 = 15 | 8 + 6 = 14 | 11 − 5 = 6

| 4 + 8 = 12<br>8 + 4 = 12<br>Tauschen bei Plusaufgaben | 7 + 8 = 15 13 − 6 = 7<br>7 + 7 + 1 = 15 12 − 6 + 1 = 7<br>Bei manchen Aufgaben hilft es dir, wenn du verdoppelst oder halbierst. |
|---|---|

4 + 8 = 12 | 7 + 8 = 15
3 + 8 = 11 | 5 + 6 = 11
7 + 9 = 16 | 13 − 6 = 7
5 + 9 = 14 | 17 − 8 = 9
5 + 8 = 13 | 6 + 7 = 13

Male die Ergebniszahlen bunt an.

17 12 14 14 8 4 11 15 9 13 11 7 7 14 15 12 14 9 13 11 15 16 7 11 13

2 Welcher Rechentrick hilft dir weiter?

8 + 4 = 12 | 3 + 9 = 12 | 15 − 7 = 8
12 − 4 = 8 | 12 + 5 = 17 | 12 − 3 = 9
6 + 8 = 14 | 7 + 9 = 16 | 8 + 9 = 17
2 + 9 = 11 | 6 + 5 = 11 | 15 − 4 = 11

8, 9, 9, 11 11, 11, 12 12, 12, 14 17, 17



## Zahlenrätsel (LH S. 5)

1 Rechne. Schreibe zu jedem Ergebnis den passenden Buchstaben

11 − 7 = 4 T | 6 − 13 = 19 E | 15 − 8 = 7 G
6 + 7 = 13 A | 11 − 9 = 2 A | 8 + 9 = 17 N
14 − 6 = 8 E | 17 − 8 = 9 N | 4 + 6 = 10 M
8 + 12 = 20 R | 9 + 9 = 18 G | 7 + 9 = 16 Ä
20 − 19 = 1 L | 12 − 7 = 5 W | 4 + 7 = 11 I
9 + 6 = 15 H | 7 + 7 = 14 N | 12 − 9 = 3 S
11 − 5 = 6 A | 4 + 8 = 12 T |

Lösungswörter:

| 1 | 2 | 3 | 4 | 5 | 6 | 7 | 8 | 9 |
|---|---|---|---|---|---|---|---|---|
| L | A | S | T | W | A | G | E | N |

| 10 | 11 | 12 |
|---|---|---|
| M | I | T |

| 13 | 14 | 15 | 16 | 17 | 18 | 19 | 20 |
|---|---|---|---|---|---|---|---|
| A | N | H | Ä | N | G | E | R |

2 Rechne und ergänze den Lösungssatz.

a) 8 + 8 − 2 = 14 | b) 14 − 9 + 8 = 13
5 + 6 + 7 = 13 | 12 − 6 + 4 = 10
16 − 8 + 5 = 13 | 6 + 6 − 6 = 6

| 4 | 8 | 3 | | 3 | 0 | 6 |
|---|---|---|---|---|---|---|
| L | K | W | | R | O | T |

Male den LKW ROT an.

3 Welche Zahlen sind gesucht?

7 + 8 = 15 | 4 + 8 = 12 | 14 − 5 = 9

Zahl: 7 | Zahl: 12 | Zahl: 5

5, 7, 12

2 S

## Immer über die 10 (LH S. 6)

1 Rechne und verbinde in der Reihenfolge der Ergebnisse.

a) 9 + 9 = 18
7 + 7 = 14
6 + 6 = 12
8 + 8 = 16
9 + 8 = 17
13 − 6 = 7
8 + 7 = 15

b) 14 − 5 = 9
12 − 7 = 5
4 + 9 = 13
11 − 8 = 3
13 − 9 = 4
16 − 8 = 8
12 − 6 = 6

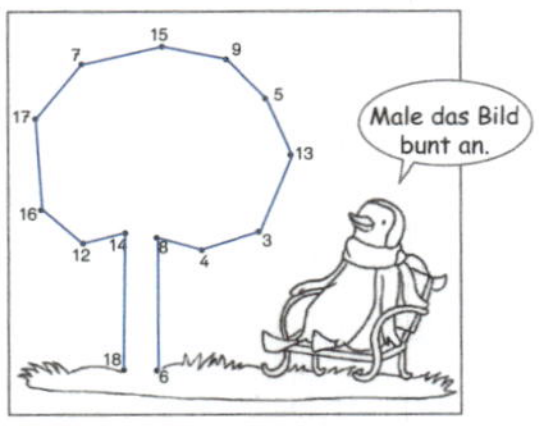


2 Setze die Zahlenreihen fort.

Springe immer gleich weiter.

a) 0 (+2) 2 (+2) 4 (+2) 6 8 10 12 14
b) 0 3 6 9 12 15 18
c) 20 17 14 11 8 5 2
d) 19 17 15 13 11 9 7 5

3 Gleiches Ergebnis – gleiche Farbe. Rechne und male.

12 − 9 / 15 − 6 · 13 − 6 / 12 − 6 · 16 − 7 / 11 − 8 · 15 − 9 / 14 − 7 · 14 − 6 / 16 − 8

Hinweis: Die Farben können auch anders dargestellt werden.

4 (+) oder (−)? Setze ein.

a) 11 (−) 9 = 2
8 (+) 6 = 14
13 (−) 5 = 8
3 (+) 8 = 11

b) 6 (+) 5 = 2 (+) 9
15 (−) 6 = 12 (−) 3
13 (−) 9 = 11 (−) 7
8 (+) 4 = 6 (+) 6

In jedem Päckchen sind gleich viele (+) und (−).

26

## Plus und Minus: Im Aquarium (LH S. 6)

1 Male die Felder so an:

grün: wenn du 7 einträgst.
blau: wenn du 11 einträgst.
gelb: wenn du 9 einträgst.
rot: wenn du 15 einträgst.

27

## Rechenaufgaben zuordnen und lösen (LH S. 6)

Welche Rechnung passt zu welchem Bild? Ordne zu.

1: In einer Vase sind 5 blaue und 7 rote Blumen. — 5 (+) 7 = 12

2: Lena gibt von ihren 15 Muscheln 7 an Paula ab. — 15 (−) 7 = 8

3: Lukas hat 11 Luftballons aufgeblasen. Davon platzen 9. — 11 (−) 9 = 2

4: Marie bindet aus 6 roten und 7 gelben Rosen einen Strauß. — 6 (+) 7 = 13

5: Thomas hat 8 Stofftiere. Erkan hat doppelt so viele. — 8 (+) 8 = 16

6: Sonjas Rätsel: „Ich denke mir eine Zahl, ziehe 6 davon ab und erhalte 9." — 15 (−) 6 = 9

7: Jans Rätsel: „Wenn ich von meiner Zahl 6 abziehe, erhalte ich 8." — 14 (−) 6 = 8

8 + 8 = 16
14 − 6 = 8
5 + 7 = 12
15 − 7 = 8
15 − 6 = 9
6 + 7 = 13
11 − 9 = 2

Schreibe für jede Zahl im Farbfeld den passenden Buchstaben.

| 2 | 8 | 2 | 3 | 6 | 5 | 4 |
|---|---|---|---|---|---|---|
| M | U | S | C | H | E | L |

Lösungswort: M U S C H E L

28

## Vergleichen mit (>), (<), (=) (LH S. 6)

1 Kontrolliere: ☺ richtig oder ☹ falsch.

16 − 9 < 10 ☺
16 − 9 > 9 ☹
16 − 9 < 8 ☺
16 − 9 > 4 ☺

7 + 4 < 8 ☹
6 + 5 > 9 ☺
5 + 6 > 10 ☺
4 + 7 = 11 ☺

4 + 4 = 8 ☺
5 + 5 < 9 ☹
6 + 6 > 10 ☺
7 + 7 > 11 ☺

16 − 9 < 10
7 < 10
In jedem Päckchen ist eine Aufgabe falsch.

2 Setze ein: (<), (>) oder (=).

11 − 7 (<) 7 B
6 + 9 (>) 14
5 + 8 (=) 13
13 − 4 (>) 8
4 + 9 (=) 13
14 − 6 (>) 7
12 − 9 (<) 4 L
8 + 4 (>) 1

Male ein Bild zum Lösungswort.

15 − 8 (<) 8 U
15 − 7 (>) 7
15 − 6 (>) 6
15 − 5 (>) 3
10 − 9 (<) 2 M
8 + 6 (=) 14
8 + 7 (>) 14
12 − 8 (<) 5 E

Bei welchen Aufgaben hast du ein (<) eingesetzt? Ersetze nur hier die Zahl im Farbfeld durch den passenden Buchstaben.

Lösungswort: B L U M E

Rechne zuerst beide Teile der Aufgabe aus.

3 Rechne und setze richtig ein: (<), (>) oder (=).

a) 8 + 3 (=) 19 − 8
16 − 9 (>) 2 + 3
6 + 8 (=) 18 − 4
5 + 7 (<) 18 − 3

b) 6 + 6 (<) 5 + 9
8 + 5 (<) 7 + 7
17 − 9 (=) 11 − 3
13 − 5 (>) 15 − 9

8 + 3 (=) 19 − 8
11 11

29

## Domino: Plus und Minus bis 20

(zum Herausnehmen die mittlere Klammer lösen)

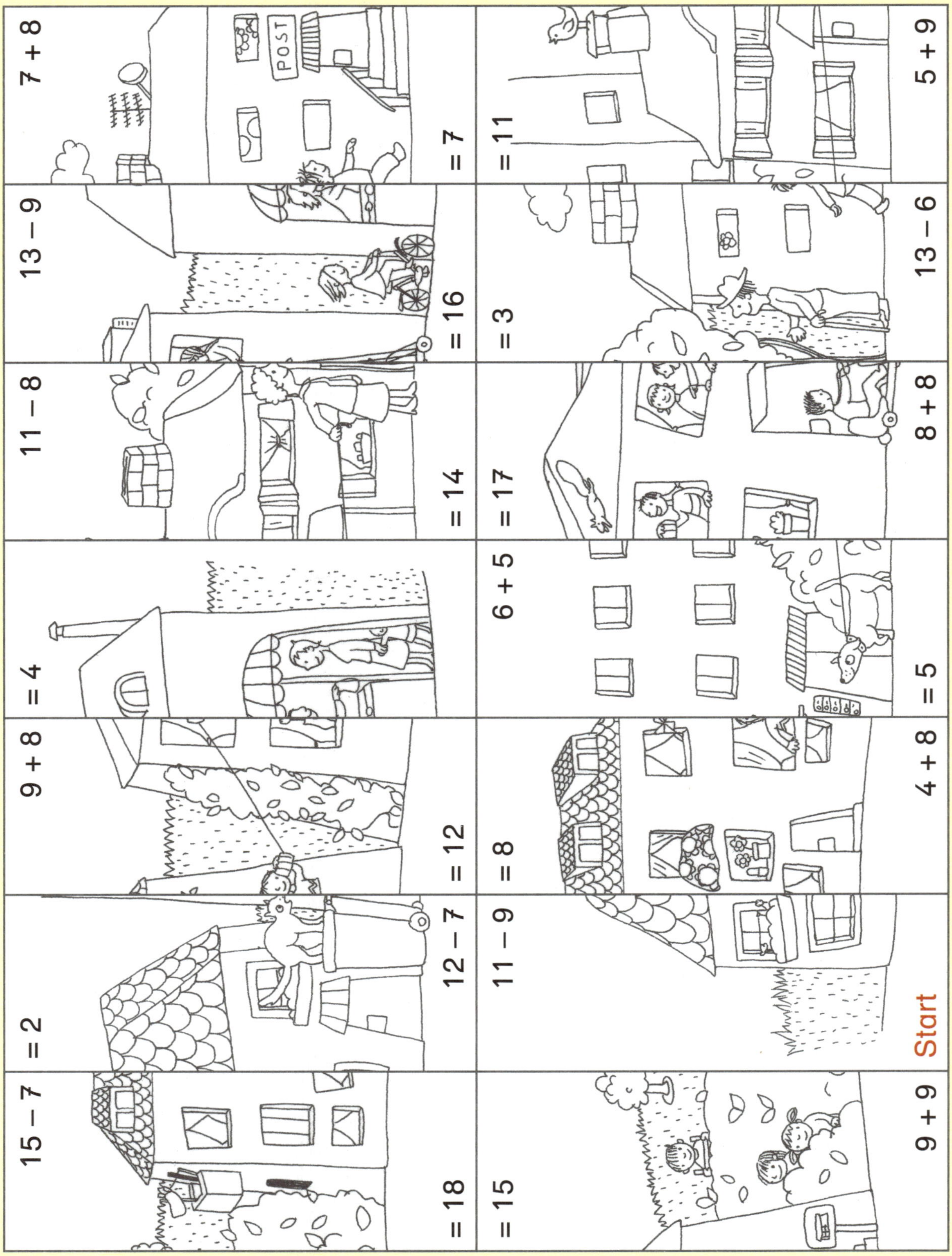


**So geht's:**

- Schneide alle 14 Dominostreifen aus.
- Beginne mit der Aufgabe auf dem Start-Streifen und suche dazu das passende Ergebnis.
- Auf diesem Dominostreifen steht auch die nächste Aufgabe.
- Wenn du alles richtig gemacht hast, gibt es eine Menge zu entdecken.

# Puzzle: Rechnen mit Geld (ct und €)

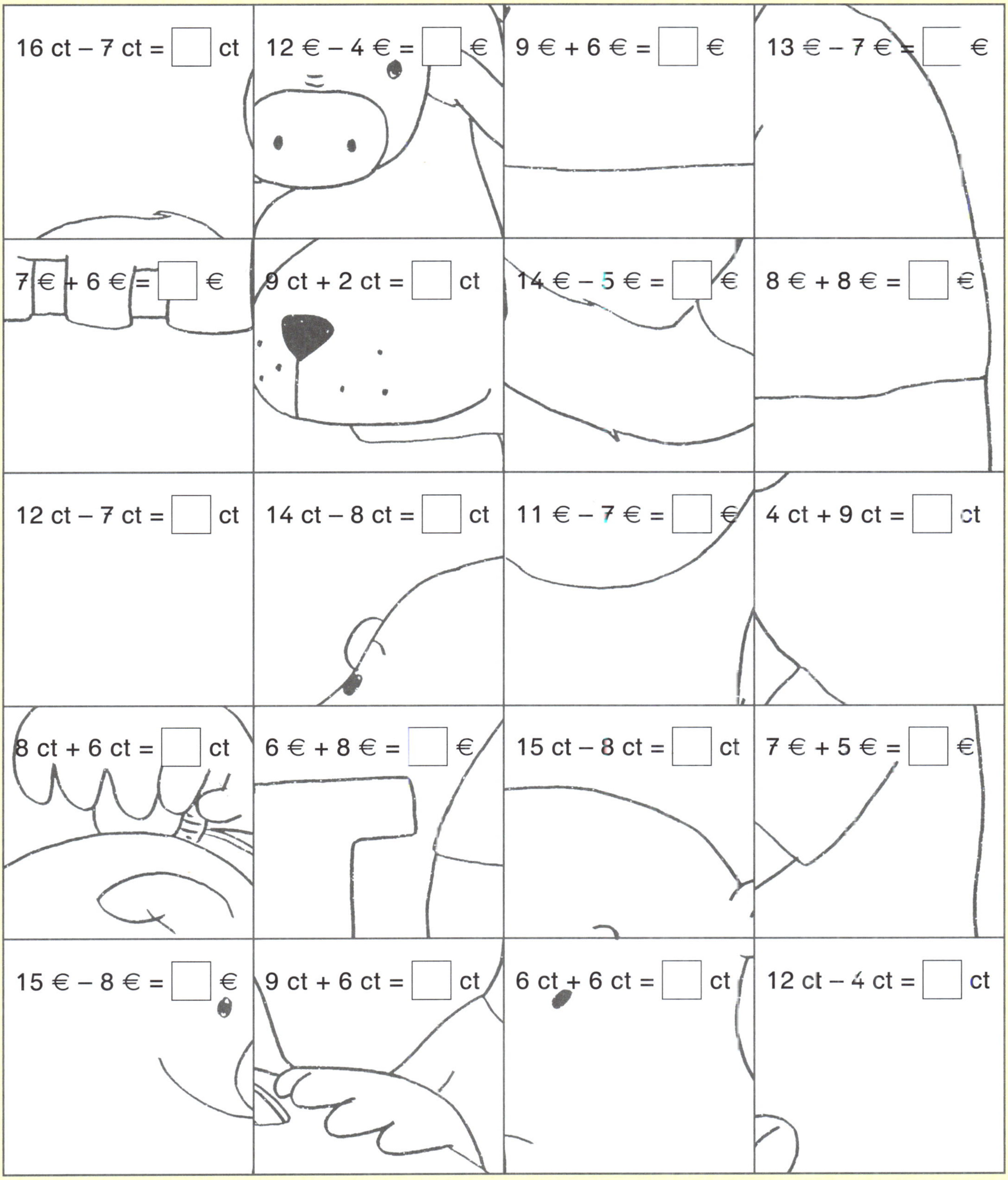

| | | | |
|---|---|---|---|
| 16 ct – 7 ct = ☐ ct | 12 € – 4 € = ☐ € | 9 € + 6 € = ☐ € | 13 € – 7 € = ☐ € |
| 7 € + 6 € = ☐ € | 9 ct + 2 ct = ☐ ct | 14 € – 5 € = ☐ € | 8 € + 8 € = ☐ € |
| 12 ct – 7 ct = ☐ ct | 14 ct – 8 ct = ☐ ct | 11 € – 7 € = ☐ € | 4 ct + 9 ct = ☐ ct |
| 8 ct + 6 ct = ☐ ct | 6 € + 8 € = ☐ € | 15 ct – 8 ct = ☐ ct | 7 € + 5 € = ☐ € |
| 15 € – 8 € = ☐ € | 9 ct + 6 ct = ☐ ct | 6 ct + 6 ct = ☐ ct | 12 ct – 4 ct = ☐ ct |

**So geht's:**

- Löse alle Aufgaben und schneide die 20 Puzzleteile aus
- Ordne die Puzzleteile nach der Größe der Ergebnisse (vom kleinsten ct zum größten €) und lege immer vier Puzzleteile in einer Reihe nebeneinander.
- Setze darunter deine Reihen fort. Was siehst du?

## Rechengeschichten: Spielplatz
LH S. 11

Lies genau und löse die Aufgaben.

① Lars hat 9 rote und 9 grüne Bälle.

Wie viele Bälle hat Lars insgesamt?

9 (+) 9 = 18

Lars hat insgesamt 18 Bälle.

② 7 Kinder rutschen, 6 Kinder schaukeln.

Wie viele Kinder sind es insgesamt?

7 (+) 6 = 13

Es sind insgesamt 13 Kinder.

③ 

Anna und Leon hüpfen Seil. Anna schafft 15 Sprünge, Leon 9 Sprünge weniger.

Wie viele Sprünge schafft Leon?

15 (−) 9 = 6

Leon schafft 6 Sprünge.

④ Sandra hat 9 Murmeln. Lena hat 10 Murmeln mehr als Sandra.

Wie viele Murmeln hat Lena?

9 (+) 10 = 19

Lena hat 19 Murmeln.

⑤ 4 Kinder spielen Fußball, 5 Kinder spielen Federball und 3 Kinder lesen.

Wie viele Kinder sind es?

4 (+) 5 (+) 3 = 12

Es sind 12 Kinder.

⑥ Am Klettergerüst turnen 4 Kinder. 8 Kinder kommen dazu, 5 gehen nach Hause.

Wie viele Kinder sind es jetzt?

4 (+) 8 (−) 5 = 7

Es sind 7 Kinder.

Was sieht Paul auf dem Spielplatz? Schreibe für jede Zahl im Farbfeld den zugehörigen Buchstaben.

| 8 | 1 | 6 | 9 | 2 | 7 |
|---|---|---|---|---|---|
| K | A | T | Z | E | N |

Ich sehe zwei ...



## Geld wechseln: Cent und Euro
LH S. 11

① Hat Emma richtig gewechselt? Prüfe und kreuze an.

a) 18 ct

| 10 ct | 5 ct | 2 ct | 1 ct | ☺ |
|---|---|---|---|---|
| 1 | 1 | 1 | 1 | X |
| | 3 | 3 | | |
| | 2 | 3 | 2 | X |
| 1 | | 4 | | X |
| | 3 | 1 | 1 | X |

15 ct

| 10 ct | 5 ct | 2 ct | 1 ct | ☺ |
|---|---|---|---|---|
| 1 | 1 | | | X |
| | 2 | 2 | 1 | X |
| 1 | | 2 | 1 | X |
| | 2 | 2 | 2 | |
| | 3 | | | X |

b) 17 €

In jeder Tabelle ist eine Aufgabe falsch.

| 10 € | 5 € | 2 € | 1 € | ☺ |
|---|---|---|---|---|
| | 2 | 3 | 1 | X |
| | 3 | | 3 | |
| 1 | 1 | 1 | | X |
| 1 | | 3 | 1 | X |
| | 1 | 5 | 2 | X |

20 €

| 10 € | 5 € | 2 € | 1 € | ☺ |
|---|---|---|---|---|
| 1 | 2 | | | X |
| | 3 | 2 | 1 | X |
| 1 | | 5 | | X |
| 1 | 1 | 1 | 3 | X |
| | 4 | 2 | | |

② Immer 19 ct. Welche Münzen fehlen? 19 ct

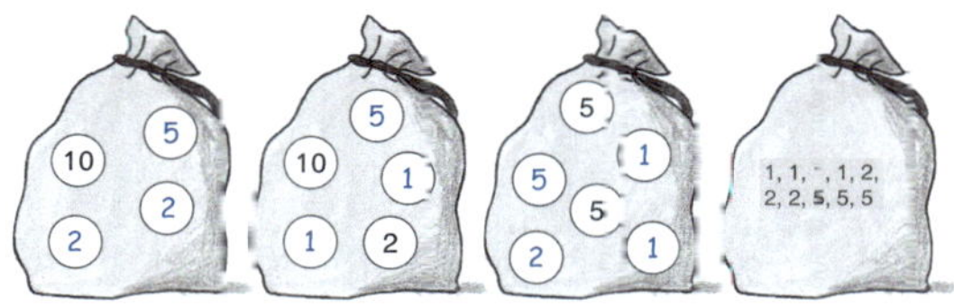




## Geldbeträge berechnen
LH S. 11

① Vorderseite – Rückseite. Was gehört zusammen? Verbinde.

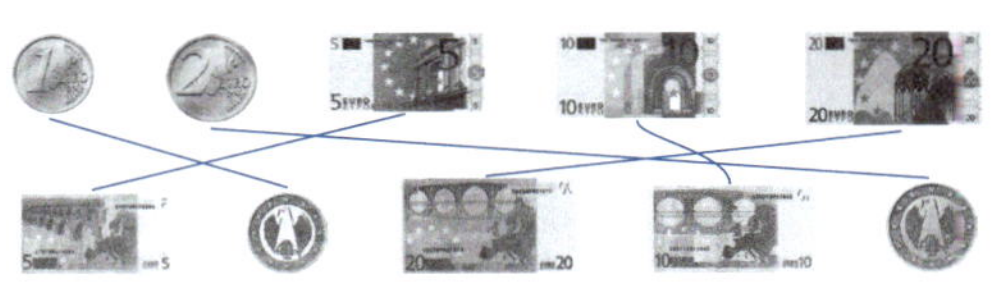

② Wer kann den Fußball kaufen? Kreuze an.

☐ Jens: 17 €  ☐ Steffi: 12 €  ☐ Jakob: 15 €

☐ Pia: 16 €  ☒ Sonja: 19 €

18 €

Lösungswort:

| 2 | 9 | 1 | 5 | 1 |
|---|---|---|---|---|
| S | O | N | J | A |

③ Vergleiche: (<), (>) und (=).

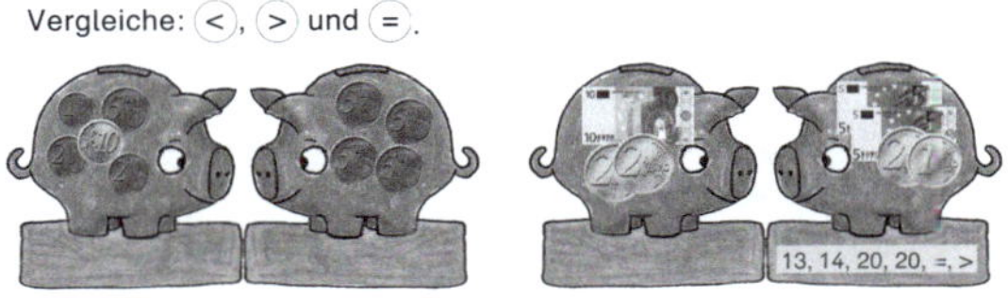


20 ct (=) 20 ct  14 € (>) 13 €



## Rechnen mit Geld
LH S. 11

① Rechne.

| | |
|---|---|
| 7 ct + 4 ct = 11 ct | 13 ct − 5 ct = 8 ct |
| 9 ct + 8 ct = 17 ct | 15 ct − 9 ct = 6 ct |
| 7 ct + 9 ct = 16 ct | 11 ct − 7 ct = 4 ct |
| 9 ct + 4 ct = 13 ct | 13 ct − 8 ct = 5 ct |
| 5 ct + 5 ct = 10 ct | 14 ct − 7 ct = 7 ct |

② Wie viel Geld bekommst du zurück? Ergänze geschickt.

| a) Ich kaufe | Ich habe | Rechnung | Rückgeld |
|---|---|---|---|
| 4 € | 10 € | 4 € + 6 € = 10 € | 6 € |
| 8 € | 10 € | 8 € + 2 € = 10 € | 2 € |
| 7 € | 20 € | 7 € + 13 € = 20 € | 13 € |

| b) Ich kaufe | Ich habe | Rechnung | Rückgeld |
|---|---|---|---|
| 4 € 8 € 12 € | 15 € | 12 € + 3 € = 15 € | 3 € |
| 8 € 7 € 15 € | 15 € | 15 € + 0 € = 15 € | 0 € |
| 4 € 8 € 7 € 19 € | 20 € | 19 € + 1 € = 20 € | 1 € |

Rückgeld: 0 €, 1 €, 2 €, 3 €, 6 €, 13 €

## Einkaufen und bezahlen

LH S. 12

① Wie viel € kosten …

a) … ein [Buch] und ein [Auto]?

Rechnung: 9 € + 4 € = 13 €

Beides zusammen kostet 13 €.

b) … eine [Puppe] und ein [Teddy]?

Rechnung: 7 € + 8 € = 15 €

Beides zusammen kostet 15 €.

c) … kosten ein [Eimer] und ein [Ball]?

Rechnung: 15 € + 5 € = 20 €

Beides zusammen kostet 20 €.

② Wie viel Geld bekommt jedes Kind zurück? Ergänze geschickt.

a) Luisa bezahlt mit [20 €].

Rechnung: 4 € + 16 € = 20 €

Luisa bekommt 16 € zurück.

b) Marie bezahlt mit [20 €].

Rechnung: 16 € + 4 € = 20 €

Marie bekommt 4 € zurück.

c) Erkan bezahlt mit [10 €] [10 €].

Rechnung: 19 € + 1 € = 20 €

Erkan bekommt 1 € zurück.

1, 4, 16

③ Wofür bezahlst du 16 €? Kreuze an.

☐ Dino und Ball ☐ Buch und Auto ☒ Buch und Puppe



6 T

## Schaubilder lesen und zeichnen

LH S. 12

① a) Das sind die Lieblingstiere der Klasse 1a: Lies ab und trage ein.

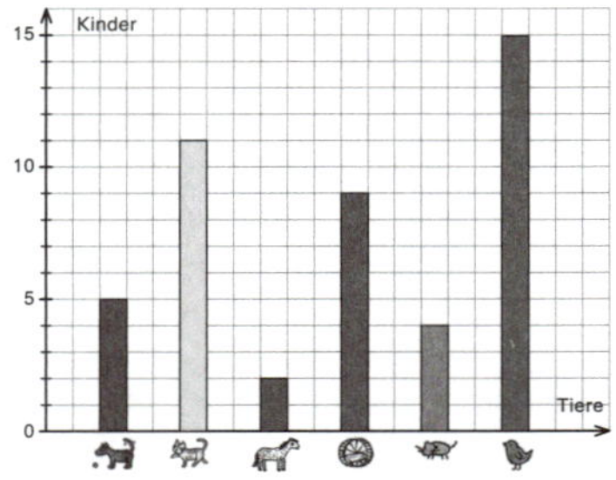


[Hund]: 5 Kinder

[Katze]: 11 Kinder

[Pferd]: 2 Kinder

[Hamster]: 9 Kinder

[Maus]: 4 Kinder

[Vogel]: 15 Kinder

2, 4, 5, 9, 11, 15

b) Was ist richtig? Lies genau und kreuze an.

2 Antworten sind falsch.

Es gibt …

☒ mehr Vögel als Katzen. ☐ mehr Mäuse als Hunde.

☐ gleich viele Pferde wie Mäuse. ☒ mehr Katzen als Hamster.

② Zeichne ein Schaubild zu den Lieblingsfrüchten der Kinder.

[Erdbeere]: 14 Kinder

[Brombeere]: 8 Kinder

[Kirsche]: 10 Kinder

[Orange]: 11 Kinder

[Apfel]: 13 Kinder

[Pflaume]: 7 Kinder

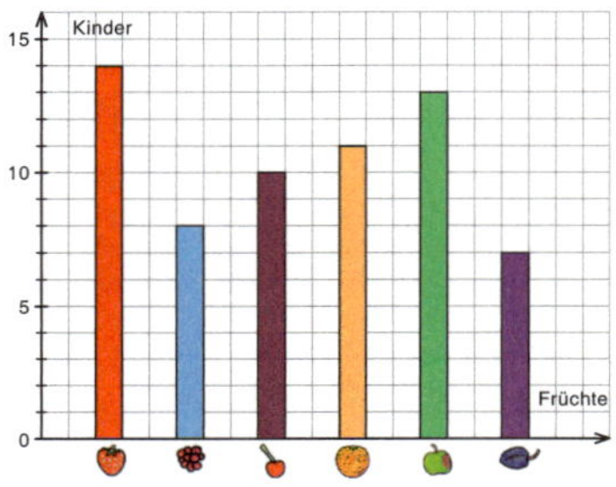




## Uhrzeiten ablesen

LH S. 12

① Wie spät ist es? Schreibe immer 2 Uhrzeiten.

☾ 5 Uhr ☾ 21 Uhr ☾ 19 Uhr ☾ 23 Uhr

☀ 17 Uhr ☀ 9 Uhr ☀ 7 Uhr ☀ 11 Uhr

5, 7, 9, 11, 17, 19, 21, 23

② Trage die roten Zeiger in die Uhren ein.

Der große Zeiger jeder Uhr steht hier auf der 12.

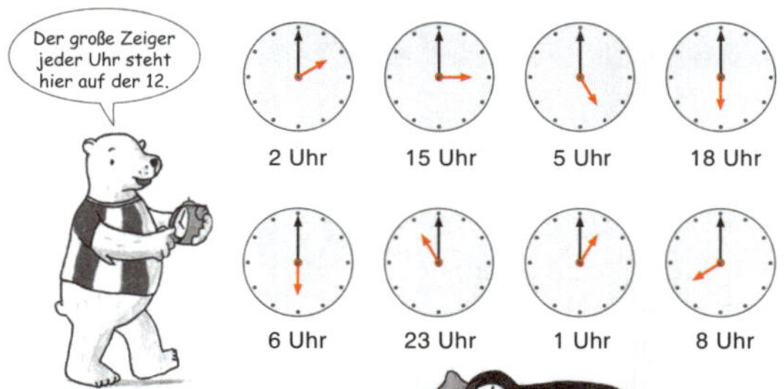

2 Uhr 15 Uhr 5 Uhr 18 Uhr

6 Uhr 23 Uhr 1 Uhr 8 Uhr

③ Wie viel Zeit ist vergangen?

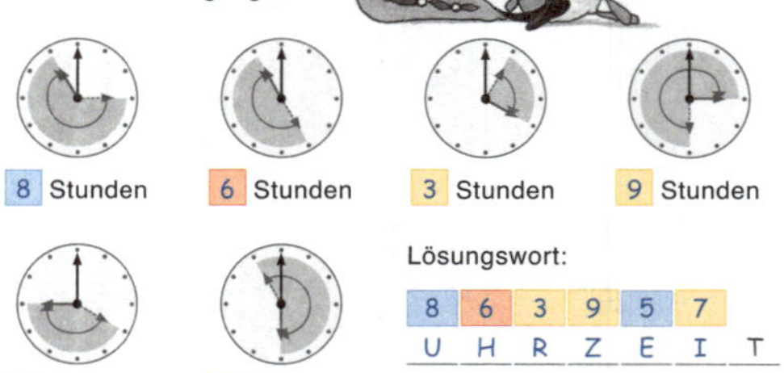

8 Stunden 6 Stunden 3 Stunden 9 Stunden

5 Stunden 7 Stunden

Lösungswort:

| 8 | 6 | 3 | 9 | 5 | 7 | |
|---|---|---|---|---|---|---|
| U | H | R | Z | E | I | T |



3 R

## Zeitspannen

LH S. 12

① Wie alt sind die Kinder? Rechne.

a) Hannes ist 5 Jahre älter als Lena.

Lena 6 Jahre; Hannes 11 Jahre

Tom ist 7 Jahre jünger als Eva.

Eva 12 Jahre; Tom 5 Jahre

b) Stefan ist doppelt so alt wie Paula.

Paula 7 Jahre; Stefan 14 Jahre

Petra ist halb so alt wie Luisa.

Luisa 16 Jahre; Petra 8 Jahre

c) Steffi ist so alt wie Marie und Leo zusammen.

Marie 9 Jahre; Leo 4 Jahre; Steffi 13 Jahre

In 9 Jahren ist Lasse so alt, wie Holger jetzt ist.

Holger 15 Jahre; Lasse 6 Jahre

② Male die Felder mit den Altersangaben aller Kinder von ① aus.

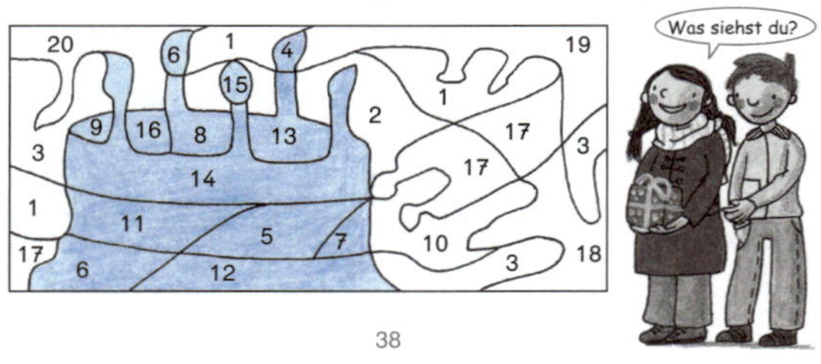




Die Zahlen-Dreher 1 · Themenheft 2




Urkunde: Klasse, mach weiter so!

Hier findest du die Lösung zu Seite 7.
Emmas Tipps und Hinweise helfen dir.

**Das kann ich schon!** LH S. 13

① Umkreise immer 10 und trage ein. Lösungsmöglichkeit:

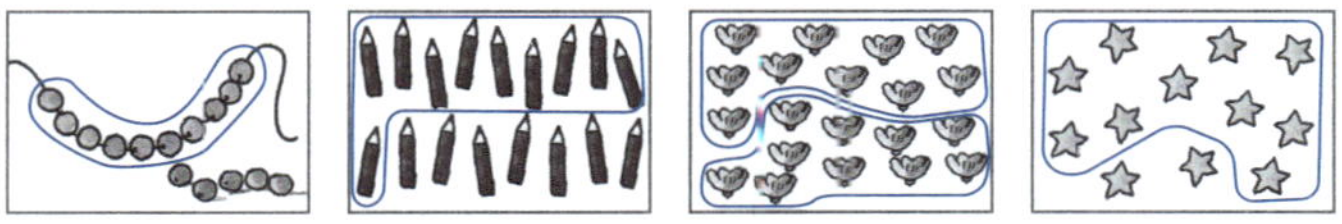

| Z | E | | Z | E | | Z | E | | Z | E |
|---|---|---|---|---|---|---|---|---|---|---|
| 1 | 5 | | 1 | 7 | | 2 | 0 | | 1 | 2 |

10er-Bündel helfen dir beim Zählen.
→ S. 4

② (<), (>) oder (=) ?

| a) | b) | c) | d) |
|---|---|---|---|
| 14 > 12 | 11 < 20 | 15 > 12 | 10 < 20 |
| 20 = 20 | 12 > 11 | 15 > 14 | 13 < 17 |
| 11 < 15 | 15 > 5 | 19 < 20 | 18 = 18 |

Die kleinere Zahl steht vor (<), die größere Zahl vor (>).
→ S. 5

③ Verbinde die Punkte.

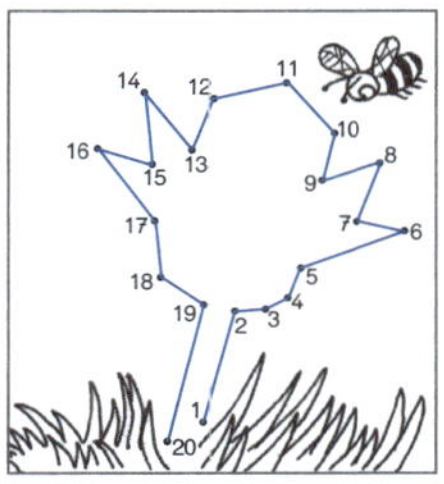

④ Bestimme den Vorgänger (V) und den Nachfolger (N).

| V | Zahl | N | V | Zahl | N |
|---|---|---|---|---|---|
| 11 | 12 | 13 | 14 | 15 | 16 |
| 18 | 19 | 20 | 17 | 18 | 19 |
| 16 | 17 | 18 | 11 | 12 | 13 |
| 10 | 11 | 12 | 12 | 13 | 14 |

| V | Zahl | N |
|---|---|---|
| 11 | 12 | 13 |
| 1 weniger | | 1 mehr |

→ S. 6

⑤ a) Ergänze die fehlenden Zahlen.

b) Male die Waggons an:

(gelb) 11, 13, 15, 20 (rot) 12, 16, 19 (blau) 14, 17, 18

7

Zähle von 17 aus vor und zurück.
→ S. 6

## Überprüfe so:

①

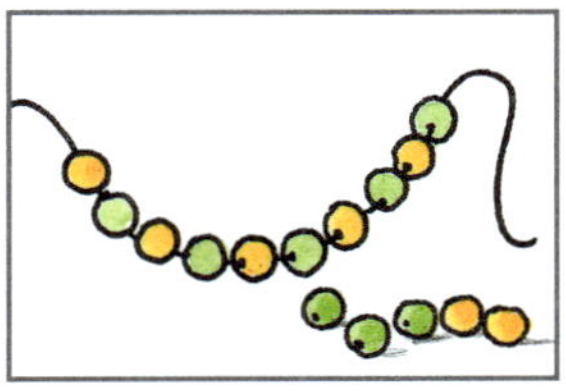

| Z | E |
|---|---|
| 1 | 4 |
| √ | f |

√ richtig
f falsch

Hier findest du die Lösung zu Seite 17.
Emmas Tipps und Hinweise helfen dir.

**Das kann ich schon!** LH S. 14

1 Rechne und zeichne.

a) 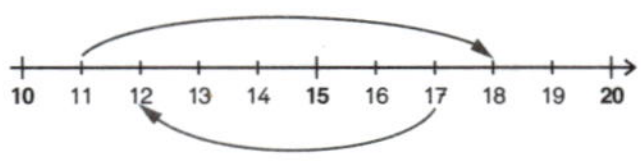


11 (+) 7 = 18
17 (-) 5 = 12

b) 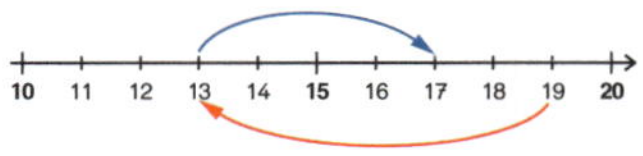


13 + 4 = 17
19 – 6 = 13

2 Rechne. Die kleine Aufgabe hilft dir.

a)
5 + 4 = 9
15 + 4 = 19

3 + 6 = 9
13 + 6 = 19

b)
9 – 8 = 1
19 – 8 = 11

7 – 3 = 4
17 – 3 = 14

c)
2 + 5 = 7
12 + 5 = 17

8 – 6 = 2
18 – 6 = 12

3 Rechne und male passend an.

a) 11 + 2 = 13
18 – 4 = 14
14 + 2 = 16
12 + 5 = 17
19 – 8 = 11
14 – 2 = 12

b) 16 – 5 = 11
13 + 4 = 17
19 – 6 = 13
13 + 3 = 16
19 – 4 = 15
15 + 5 = 20

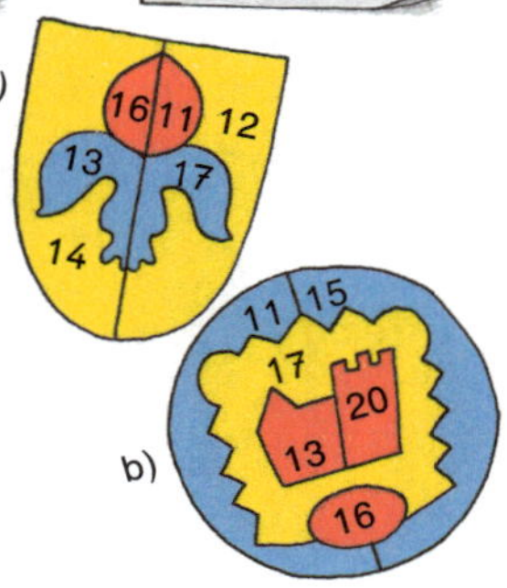


4 In der Klasse 1a sind 19 Kinder.
Davon haben 7 Kinder schon den Schwimmschein.
Wie viele Kinder haben noch keinen Schwimmschein?

Rechnung: 19 (-) 7 = 12

Antwort: 12 Kinder haben noch keinen Schwimmschein.

17

1 E

Pfeil nach rechts: (+)
Pfeil nach links: (-)
→ S. 9

Die kleine Aufgabe hilft dir.
→ S. 10

Rechne im 2. Zehner so,
wie im 1. Zehner:
Die kleine Aufgabe hilft dir.
→ S. 11

Werden es mehr,
dann rechne mit (+),
werden es weniger,
dann rechne mit (-).
→ S. 12, 13, 15

## Überprüfe so:

2 a)

5 + 4 = 9
15 + 4 = 20

✓ richtig
f falsch

Hier findest du die Lösung zu Seite 31.
Emmas Tipps und Hinweise helfen dir.

## Das kann ich schon!

LH S. 15

**1** Wie heißen die Aufgaben?

a)

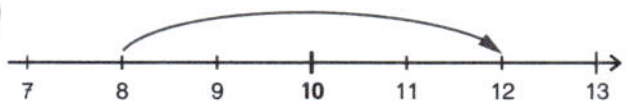

8 (+) 4 = 12

b)

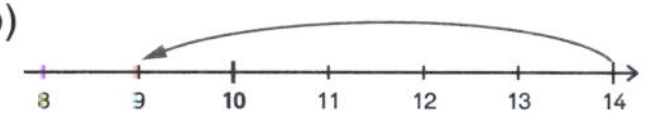

14 (−) 5 = 9

> Pfeil nach rechts: (+)
> Pfeil nach links: (−)
> Der Zwischenstopp bei 10 hilft.
> → S. 20

**2** Rechne geschickt.

| a) | b) | c) | d) |
|---|---|---|---|
| 8 + 6 = 14 | 14 − 7 = 7 | 11 + 8 = 19 | 19 − 18 = 1 |
| 9 + 4 = 13 | 17 − 9 = 8 | 18 − 6 = 12 | 3 + 11 = 14 |
| 6 + 6 = 12 | 15 − 6 = 9 | 18 − 9 = 9 | 6 + 5 = 11 |

> Erst zur 10, dann weiter vorwärts oder rückwärts.
> → S. 21

**3** Setze die Zahlenfolgen fort.

a) 0, 4, 8, 12, 16, 20

b) 18, 15, 12, 9, 6, 3, 0

> Versteckte Rechenaufgaben: +4, −3
> → S. 26

**4** Die Ergänzungs- oder Umkehraufgabe hilft dir.

| | | | |
|---|---|---|---|
| 15 − 5 = 10 | 14 − 9 = 5 | 15 + 4 = 19 | 3 + 9 = 12 |
| 15 − 6 = 9 | 6 + 8 = 14 | 15 − 5 = 10 | 13 − 9 = 4 |

> Statt (+), rechne (−).
> Bei (−): Rechne von hinten her.
> → S. 23, 27

**5** Setze ein: (<), (>) oder (=).

| a) | b) | c) |
|---|---|---|
| 5 + 8 (=) 13 | 11 − 7 (<) 5 | 13 − 6 (<) 16 − 8 |
| 15 − 6 (>) 7 | 9 + 4 (=) 13 | 7 + 4 (=) 5 + 6 |

> Löse erst die Aufgabe. Vergleiche dann.
> → S. 26, 29

**6** Paul bekommt 7 Bonbons geschenkt. 5 Bonbons hat er schon.
Jetzt gibt er die Hälfte an Emma ab.

Wie viele Bonbons bekommt Emma?

5 (+) 7 = 12    12 (−) 6 = 6

Emma bekommt 6 Bonbons.

> Achte auf Wörter wie „die Hälfte". Sie verraten dir die Rechenart.
> → S. 19, 24, 28

31

6 H

Überprüfe so:

**2** a) 8 + 6 = 14   √ richtig

9 + 4 = 11   f falsch

Hier findest du die Lösung zu Seite 39.
Emmas Tipps und Hinweise helfen dir.

## Das kann ich schon!

LH S. 16

① Wer hat wie viel Geld? Rechne und vergleiche.

Sarah: 17 €   Moritz: 17 €   Christian: 17 €

Die Anzahl der Münzen und Scheine ist unterschiedlich. Der Geldwert bleibt trotzdem gleich.
→ S. 32, 33

② Rechne. Achte auf € und ct.

12 € + 6 € = 18 €   14 ct – 7 ct = 7 ct   5 ct + 9 ct = 14 ct
9 € + 3 € = 12 €   19 ct – 7 ct = 12 ct   5 € + 9 € = 14 €
7 € + 11 € = 18 €   13 ct – 5 ct = 8 ct   15 € – 9 € = 6 €

Gerechnet wird nur mit den Zahlen. Denke beim Ergebnis an ct oder €.
→ S. 34

③ Das sind die Lieblingsfächer der Kinder in Klasse 1a.
Schreibe mit Zahlen.

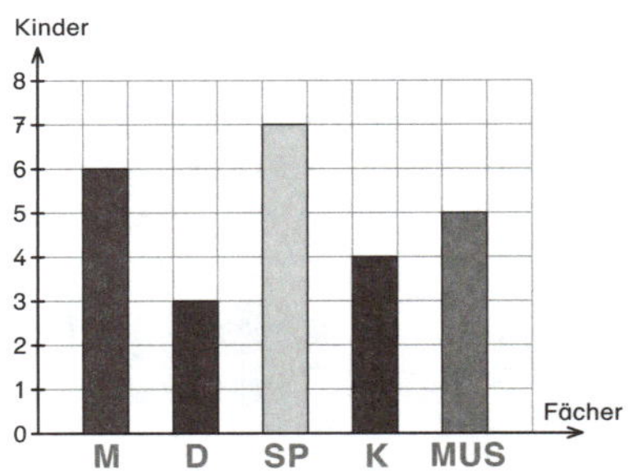


Mathe M: 6 Kinder
Deutsch D: 3 Kinder
Sport SP: 7 Kinder
Kunst K: 4 Kinder
Musik MUS: 5 Kinder

Das beliebteste Fach ist: Sport.

Das Bild verrät dir alle Zahlen.
→ S. 36

③ Wie spät ist es? Schreibe immer 2 Uhrzeiten.

☾ 4 Uhr
☼ 16 Uhr

☾ 20 Uhr
☼ 8 Uhr

39

Der kleine Zeiger zeigt die Stunden.
→ S. 37

Überprüfe so:

② 12 € + 6 € = 18 €   ✓ richtig
9 € + 3 € = 14 €   f falsch

Noch unsicher?
Auf diesen Seiten kannst du die Aufgaben noch einmal wiederholen.

① Rechne mit Zwischenstopp bei 10.

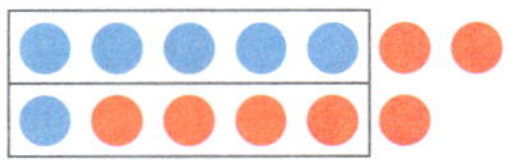
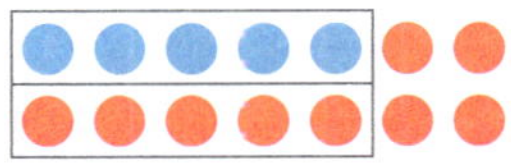
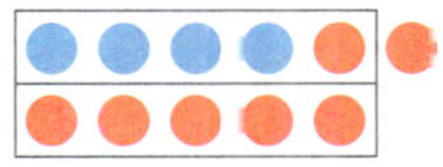

6 + 7 = ___
6 + 4 + 3 = ___
10

5 + 9 = ___
5 + 5 + 4 = ___
10

4 + 7 = ___
4 + 6 + 1 = ___
10

9 + 3 = ___
9 + ___ + ___ = ___
10

7 + 5 = ___
7 + ___ + ___ = ___
10

8 + 6 = ___
8 + ___ + ___ = ___
10

② Rechne geschickt.

6 + 8 = ___
9 + 7 = ___
8 + 4 = ___

5 + 7 = ___
6 + 7 = ___
7 + 9 = ___

8 + 6 = ___
8 + 7 = ___
8 + 8 = ___

5 + 9 = ___
7 + 8 = ___
7 + 7 = ___

③ Zur 10 zurück, dann noch ein Stück. Streiche durch und rechne.

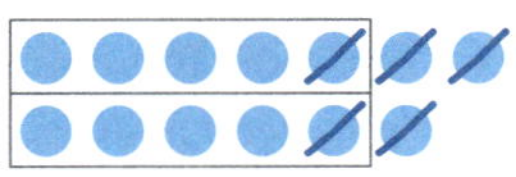
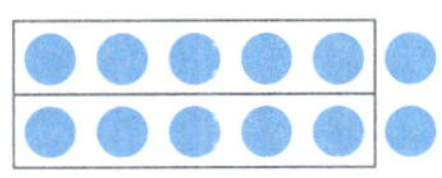
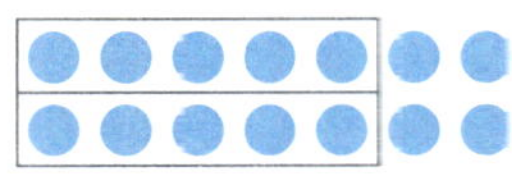

13 – 5 = ___
13 – 3 – 2 = ___
10

12 – 6 = ___
12 – 2 – ___ = ___
10

14 – 8 = ___
14 – ___ – ___ = ___
10

④ Rechne auf deinem Weg.

| | | |
|---|---|---|
| 12 – 6 = ___ | 14 – 7 = ___ | 11 – 6 = ___ |
| 13 – 4 = ___ | 15 – 8 = ___ | 12 – 7 = ___ |
| 11 – 3 = ___ | 16 – 9 = ___ | 13 – 6 = ___ |

① Rechne zuerst die Aufgabe, die du schon gut lösen kannst.

| | | | |
|---|---|---|---|
| 5 + 6 = ___ | 8 + 7 = ___ | 15 − 8 = ___ | 17 − 9 = ___ |
| 6 + 6 = ___ | 8 + 8 = ___ | 16 − 8 = ___ | 18 − 9 = ___ |
| 7 + 6 = ___ | 8 + 9 = ___ | 17 − 8 = ___ | 19 − 9 = ___ |

② Eine Aufgabe, 4 Nachbaraufgaben: Rechne geschickt.

| | | |
|---|---|---|
| | 6 + 8 = ___ | |
| 7 + 7 = ___ | 7 + 8 = ___ | 7 + 9 = ___ |
| | 8 + 8 = ___ | |

Verdoppeln hilft dir:

7 + 8 = 7 + 7 + 1 = ___

oder 8 + 8 − 1 = ___

| | | |
|---|---|---|
| | 7 + 9 = ___ | |
| 8 + 8 = ___ | 8 + 9 = ___ | 8 + 10 = ___ |
| | ___ + 9 = ___ | |

8 + 9 = 8 + ___ + ___ = ___

oder 9 + ___ − ___ = ___

③ Wie heißen die Nachbaraufgaben? Nutze die Halbierungsaufgabe.

| | | |
|---|---|---|
| | 16 − 8 = ___ | |
| 17 − 7 = ___ | 17 − 8 = ___ | 17 − 9 = ___ |
| | 18 − 8 = ___ | |

17 − 8 =

16 − 8 + 1 = ___

| | | |
|---|---|---|
| | 10 − 6 = ___ | |
| 11 − ___ = ___ | 11 − 6 = ___ | 11 − ___ = ___ |
| | ___ − 6 = ___ | |

11 − 6 =

12 − ___ − ___ = ___

④ Nahe an der 10. Rechne aus.

| | | |
|---|---|---|
| 5 + 9 = ___ | 14 − 9 = ___ | 7 + 9 = ___ |
| 5 + 10 − 1 = ___ | 14 − 10 + 1 = ___ | ___ + ___ − 1 = ___ |

## 1 Wie heißen die fehlenden Zahlen? Ergänze.

8 + ___ = 13    15 – ___ = 7    5 + ___ = 13

6 + ___ = 15    17 – ___ = 9    16 – ___ = 9

7 + ___ = 12    13 – ___ = 5    4 + ___ = 11

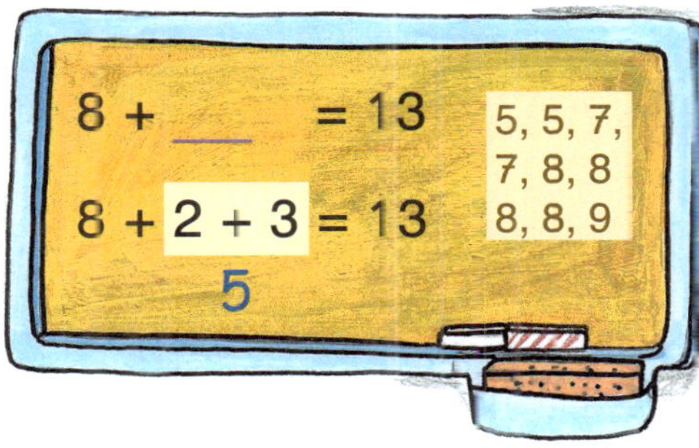


## 2 Drei Zahlen – vier verwandte Aufgaben.

a) 8 6 14

8 + 6 = ___    Tauschaufgabe    6 + 8 = ___

___ – 6 = 8    Umkehraufgabe    ___ – 8 = 6

b) 9 6 15    c) 6 13 7

9 + 6 = ___    6 + ___ = ___    ___ + ___ = ___    ___ + ___ = ___

___ – 6 = ___    ___ – 9 = ___    ___ – ___ = ___    ___ – ___ = ___

## 3 Rechne mithilfe der Umkehraufgabe.
Aus Plus wird Minus, aus Minus wird Plus.

| | | |
|---|---|---|
| ___ + 5 = 13<br>13 – 5 = ___ | ___ – 7 = 9<br>9 + ___ = ___ | ___ + 8 = 15<br>___ – ___ = ___ |
| ___ – 6 = 8<br>___ + ___ = ___ | ___ + 6 = 13<br>___ – ___ = ___ | ___ – 6 = 14<br>___ + ___ = ___ |

## 4 Platzhalter in der Mitte und vorne: Rechne geschickt.

6 + ___ = 15    14 – ___ = 6    ___ + 7 = 16    ___ – 6 = 5

4 + ___ = 11    16 – ___ = 7    ___ + 4 = 11    ___ – 8 = 5

**1** Rechne auf deinem Weg. Die Rechentricks helfen dir.

| Die kleine Aufgabe hilft. | Bis zur 10, dann weiter | Rechnen mit der Umkehraufgabe |
|---|---|---|
| 13 + 4 = 17 | 7 + 5 = 12 | 14 − 6 = 8 |
| 3 + 4 = 7 | 7 + 3 + 2 = 12 | 8 + 6 = 14 |

| | | |
|---|---|---|
| 13 + 4 = ___ | 7 + 5 = ___ | ___ − 6 = 8 |
| 19 − 5 = ___ | 12 − 4 = ___ | 7 + ___ = 11 |
| 18 − 7 = ___ | 9 + 6 = ___ | ___ + 4 = 13 |
| 17 − 4 = ___ | 11 − 4 = ___ | 8 + ___ = 15 |
| 12 + 3 = ___ | 8 + 6 = ___ | ___ − 5 = 6 |

| Tauschen bei Plusaufgaben | Bei manchen Aufgaben hilft es dir, wenn du verdoppelst oder halbierst. | |
|---|---|---|
| 4 + 8 = 12 | 7 + 8 = 15 | 13 − 6 = 7 |
| 8 + 4 = 12 | 7 + 7 + 1 = 15 | 12 − 6 + 1 = 7 |

| | |
|---|---|
| 4 + 8 = ___ | 7 + 8 = ___ |
| 3 + 8 = ___ | 5 + 6 = ___ |
| 7 + 9 = ___ | 13 − 6 = ___ |
| 5 + 9 = ___ | 17 − 8 = ___ |
| 5 + 8 = ___ | 6 + 7 = ___ |

Male die Ergebniszahlen bunt an.

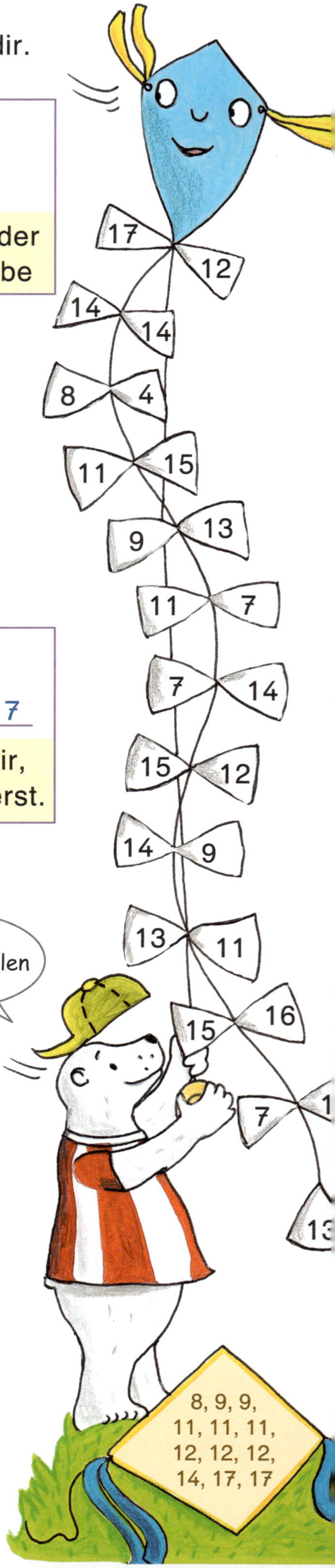


**2** Welcher Rechentrick hilft dir weiter?

| | | |
|---|---|---|
| 8 + 4 = ___ | 3 + 9 = ___ | 15 − 7 = ___ |
| ___ − 4 = 8 | 12 + 5 = ___ | 12 − 3 = ___ |
| 6 + 8 = ___ | 7 + ___ = 16 | 8 + 9 = ___ |
| 2 + 9 = ___ | 6 + 5 = ___ | 15 − 4 = ___ |

1 Rechne. Schreibe zu jedem Ergebnis den passenden Buchstaben.

| | | | | | |
|---|---|---|---|---|---|
| 11 − 7 = ___ | T | 6 + 13 = ___ | E | 15 − 8 = ___ | G |
| 6 + 7 = ___ | A | 11 − 9 = ___ | A | 8 + 9 = ___ | N |
| 14 − 6 = ___ | E | 17 − 8 = ___ | N | 4 + 6 = ___ | M |
| 8 + 12 = ___ | R | 9 + 9 = ___ | G | 7 + 9 = ___ | Ä |
| 20 − 19 = ___ | L | 12 − 7 = ___ | W | 4 + 7 = ___ | I |
| 9 + 6 = ___ | H | 7 + 7 = ___ | N | 12 − 9 = ___ | S |
| 11 − 5 = ___ | A | 4 + 8 = ___ | T | | |

Lösungswörter:

| 1 | 2 | 3 | 4 | 5 | 6 | 7 | 8 | 9 |
|---|---|---|---|---|---|---|---|---|
| ___ | ___ | ___ | ___ | ___ | ___ | ___ | ___ | ___ |

| 10 | 11 | 12 |
|---|---|---|
| ___ | ___ | ___ |

| 13 | 14 | 15 | 16 | 17 | 18 | 19 | 20 |
|---|---|---|---|---|---|---|---|
| ___ | ___ | ___ | ___ | ___ | ___ | ___ | ___ |

2 Rechne und ergänze den Lösungssatz.

a) 8 + 8 − 2 = ___

5 + 6 + 7 = ___

16 − 8 + 5 = ___

b) 14 − 9 + 8 = ___

12 − 6 + 4 = ___

6 + 6 − 6 = ___

Male den ___ ___ ___ ___ ___ ___ an.

3 Welche Zahlen sind gesucht?

Zahl: ___

Zahl: ___

Zahl: ___

**1** Rechne und verbinde in der Reihenfolge der Ergebnisse.

a) 9 + 9 = ___
7 + 7 = ___
6 + 6 = ___
8 + 8 = ___
9 + 8 = ___
13 – 6 = ___
8 + 7 = ___

b) 14 – 5 = ___
12 – 7 = ___
4 + 9 = ___
11 – 8 = ___
13 – 9 = ___
16 – 8 = ___
12 – 6 = ___

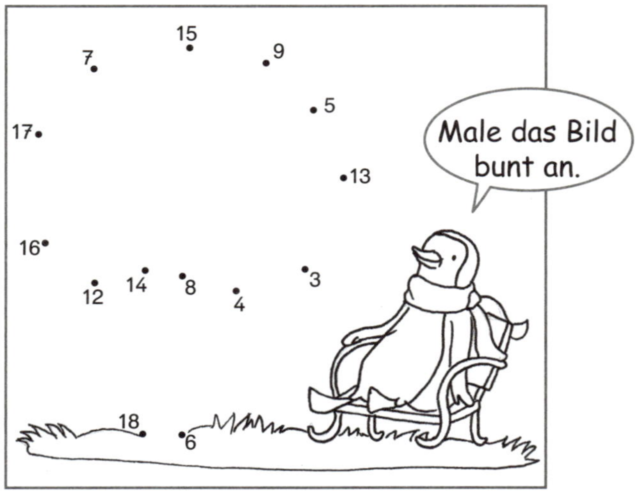


**2** Setze die Zahlenreihen fort.

(+ 2 → + 2 → + 2 →)

| | | | | | | | | |
|---|---|---|---|---|---|---|---|---|
| a) | 0 | 2 | 4 | | | | | 14 |
| b) | 0 | 3 | 6 | | | | 18 | |
| c) | 20 | 17 | 14 | | | | 2 | |
| d) | 19 | 17 | 15 | | | | | 5 |

**3** Gleiches Ergebnis – gleiche Farbe. Rechne und male.

| | | | | |
|---|---|---|---|---|
| 12 – 9 | 13 – 6 | 16 – 7 | 15 – 9 | 14 – 6 |
| 15 – 6 | 12 – 6 | 11 – 8 | 14 – 7 | 16 – 8 |

**4** + oder –? Setze ein.

a) 11 ___ 9 = 2
8 ___ 6 = 14
13 ___ 5 = 8
3 ___ 8 = 11

b) 6 ___ 5 = 2 ___ 9
15 ___ 6 = 12 ___ 3
13 ___ 9 = 11 ___ 7
8 ___ 4 = 6 ___ 6

① Male die Felder so an:

grün: wenn du 7 einträgst. — gelb: wenn du 9 einträgst.
blau: wenn du 11 einträgst. — rot: wenn du 15 einträgst.

Welche Rechnung passt zu welchem Bild? Ordne zu.

In einer Vase sind 5 blaue und 7 rote Blumen.

1

___ ○ ___ = ___ ▢

Lena gibt von ihren 15 Muscheln 7 an Paula ab.

2

___ ○ ___ = ▢

Lukas hat 11 Luftballons aufgeblasen. Davon platzen 9.

3

___ ○ ___ = ▢

Marie bindet aus 6 roten und 7 gelben Rosen einen Strauß.

4

___ ○ ___ = ___ ▢

8 + 8 = 16

14 – 6 = 8

5 + 7 = 12

15 – 7 = 8

15 – 6 = 9

6 + 7 = 13

11 – 9 = 2

Thomas hat 8 Stofftiere. Erkan hat doppelt so viele.

5

___ ○ ___ = ___ ▢

Sonjas Rätsel: „Ich denke mir eine Zahl, ziehe 6 davon ab und erhalte 9."

6

___ ▢ ○ ___ = ___

Jans Rätsel: „Wenn ich von meiner Zahl 6 abziehe, erhalte ich 8."

7

___ ▢ ○ ___ = ___

Schreibe für jede Zahl im Farbfeld den passenden Buchstaben.

Lösungswort: ___ ___ ___ ___ ___ ___ ___

**1** Kontrolliere: ☺ richtig oder ☹ falsch.

| | | |
|---|---|---|
| 16 – 9 < 10 ○ | 7 + 4 < 8 ○ | 4 + 4 = 8 ○ |
| 16 – 9 > 9 ○ | 6 + 5 > 9 ○ | 5 + 5 < 9 ○ |
| 16 – 9 < 8 ○ | 5 + 6 > 10 ○ | 6 + 6 > 10 ○ |
| 16 – 9 > 4 ○ | 4 + 7 = 11 ○ | 7 + 7 > 11 ○ |

**2** Setze ein: <, > oder =.

| | | | |
|---|---|---|---|
| 11 – 7 < 7 | B | 15 – 8 ○ 8 | ___ |
| 6 + 9 ○ 14 | ___ | 15 – 7 ○ 7 | ___ |
| 5 + 8 ○ 13 | ___ | 15 – 6 ○ 6 | ___ |
| 13 – 4 ○ 8 | ___ | 15 – 5 ○ 3 | ___ |
| 4 + 9 ○ 13 | ___ | 10 – 9 ○ 2 | ___ |
| 14 – 6 ○ 7 | ___ | 8 + 6 ○ 14 | ___ |
| 12 – 9 ○ 4 | ___ | 8 + 7 ○ 14 | ___ |
| 8 + 4 ○ 1 | ___ | 12 – 8 ○ 5 | ___ |

Bei welchen Aufgaben hast du ein < eingesetzt? Ersetze nur hier die Zahl im Farbfeld durch den passenden Buchstaben.

Lösungswort: B ___ ___ ___ ___ ___

**3** Rechne und setze richtig ein: <, > oder =.

| a) | | b) | |
|---|---|---|---|
| 8 + 3 ○ 19 – 8 | | 6 + 6 ○ 5 + 9 | |
| 16 – 9 ○ 2 + 3 | | 8 + 5 ○ 7 + 7 | |
| 6 + 8 ○ 18 – 4 | | 17 – 9 ○ 11 – 3 | |
| 5 + 7 ○ 18 – 3 | | 13 – 5 ○ 15 – 9 | |
| >, <, =, = | | >, <, <, = | |

Lies genau und löse die Aufgaben.

① Lars hat 9 rote und 9 grüne Bälle.

Wie viele Bälle hat Lars insgesamt?

9 ○ ___ = ___

Lars hat insgesamt ___ Bälle.

② 7 Kinder rutschen, 6 Kinder schaukeln.

Wie viele Kinder sind es insgesamt?

___ ○ ___ = ___

Es sind insgesamt ___ Kinder.

③

Anna und Leon hüpfen Seil. Anna schafft 15 Sprünge, Leon 9 Sprünge weniger.

Wie viele Sprünge schafft Leon?

___ ○ ___ = ___

Leon schafft ___ Sprünge.

④ Sandra hat 9 Murmeln. Lena hat 10 Murmeln mehr als Sandra.

Wie viele Murmeln hat Lena?

___ ○ ___ = ___

Lena hat ___ Murmeln.

⑤ 4 Kinder spielen Fußball, 5 Kinder spielen Federball und 3 Kinder lesen.

Wie viele Kinder sind es?

___ ○ ___ ○ ___ = ___

Es sind ___ Kinder.

⑥ Am Klettergerüst turnen 4 Kinder. 8 Kinder kommen dazu, 5 gehen nach Hause.

Wie viele Kinder sind es jetzt?

___ ○ ___ ○ ___ = ___

Es sind ___ Kinder.

Was sieht Paul auf dem Spielplatz? Schreibe für jede Zahl im Farbfeld den zugehörigen Buchstaben.

___ ___ ___ ___ ___ ___

1 Wie heißen die Aufgaben?

a)

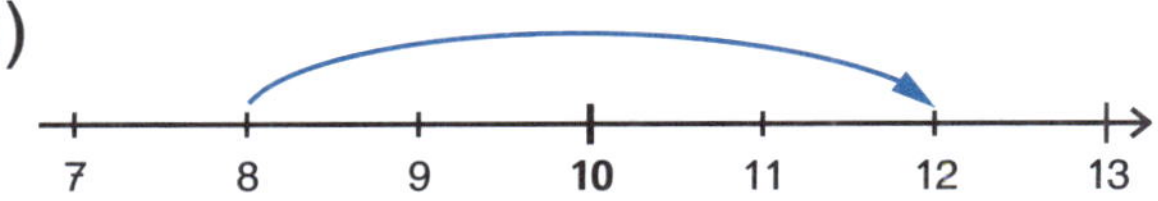


___ ◯ ___ = ___

b)

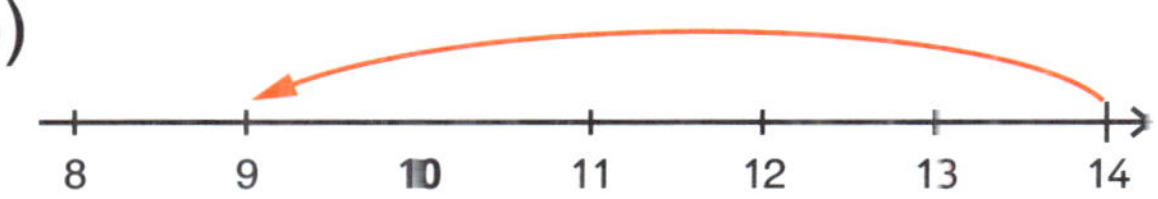


___ ◯ ___ = ___

2 Rechne geschickt.

| | | | |
|---|---|---|---|
| a) 8 + 6 = ___ | b) 14 − 7 = ___ | c) 11 + 8 = ___ | d) 19 − 18 = ___ |
| 9 + 4 = ___ | 17 − 9 = ___ | 18 − 6 = ___ | 3 + 11 = ___ |
| 6 + 6 = ___ | 15 − 6 = ___ | 18 − 9 = ___ | 6 + 5 = ___ |

3 Setze die Zahlenfolgen fort.

a) 

b) 

4 Die Ergänzungs- oder Umkehraufgabe hilft dir.

15 − ___ = 10　　14 − ___ = 5　　___ + 4 = 19　　___ + 9 = 12

15 − ___ = 9　　6 + ___ = 14　　___ − 5 = 10　　13 − ___ = 4

5 Setze ein: <, > oder =.

a) 5 + 8 ◯ 13　　b) 11 − 7 ◯ 5　　c) 13 − 6 ◯ 16 − 8

15 − 6 ◯ 7　　9 + 4 ◯ 13　　7 + 4 ◯ 5 + 6

6 Paul bekommt 7 Bonbons geschenkt. 5 Bonbons hat er schon. Jetzt gibt er die Hälfte an Emma ab.

Wie viele Bonbons bekommt Emma?

___ ◯ ___ = ___　　___ ◯ ___ = ___

Emma bekommt ___ Bonbons.

① Hat Emma richtig gewechselt? Prüfe und kreuze an.

a) 18 ct

| 10 Cent | 5 Cent | 2 Cent | 1 Cent | ☺ |
|---|---|---|---|---|
| 1 | 1 | 1 | 1 | X |
|  | 3 | 3 |  |  |
|  | 2 | 3 | 2 |  |
| 1 |  | 4 |  |  |
|  | 3 | 1 | 1 |  |

15 ct

| 10 Cent | 5 Cent | 2 Cent | 1 Cent | ☺ |
|---|---|---|---|---|
| 1 | 1 |  |  |  |
|  | 2 | 2 | 1 |  |
| 1 |  | 2 | 1 |  |
|  | 2 | 2 | 2 |  |
|  | 3 |  |  |  |

b)

17 €

| 10 Euro | 5 Euro | 2 Euro | 1 Euro | ☺ |
|---|---|---|---|---|
|  | 2 | 3 | 1 |  |
|  | 3 |  | 3 |  |
| 1 | 1 | 1 |  |  |
| 1 |  | 3 | 1 |  |
|  | 1 | 5 | 2 |  |

20 €

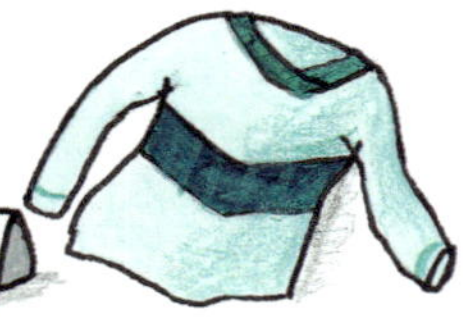

| 10 Euro | 5 Euro | 2 Euro | 1 Euro | ☺ |
|---|---|---|---|---|
| 1 | 2 |  |  |  |
|  | 3 | 2 | 1 |  |
| 1 |  | 5 |  |  |
| 1 | 1 | 1 | 3 |  |
|  | 4 | 2 |  |  |

② Immer 19 ct. Welche Münzen fehlen? 19 ct

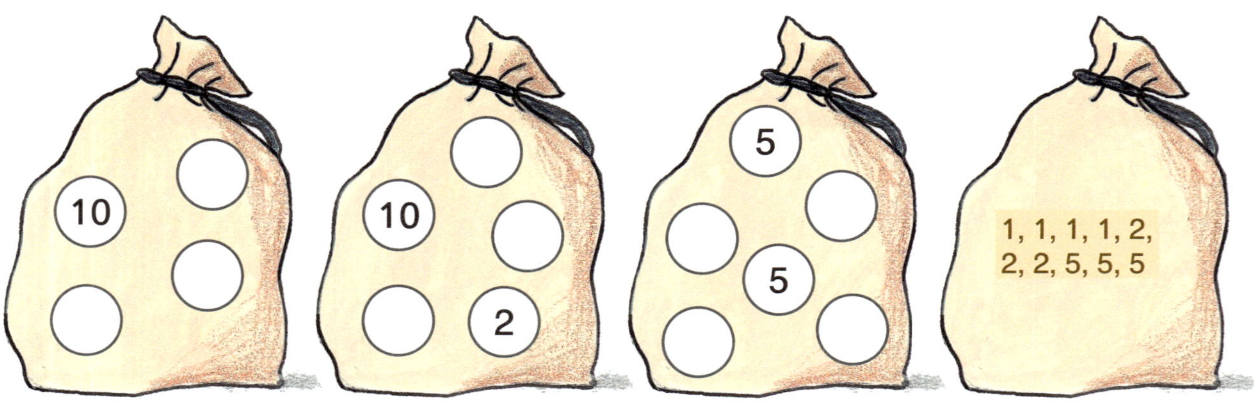

# Geldbeträge berechnen

LH S. 11

① Vorderseite – Rückseite. Was gehört zusammen? Verbinde.

② Wer kann den Fußball kaufen? Kreuze an.

☐ Jens: ___ €

☐ Steffi: ___ €

☐ Jakob: ___ €

☐ Pia: ___ €

☐ Sonja: ___ €

Lösungswort:

| | | | | |
|---|---|---|---|---|
| 2 | 9 | 1 | 5 | 1 |
| ___ | ___ | ___ | ___ | ___ |

③ Vergleiche: (<), (>) und (=).

___ ct ◯ ___ ct

___ € ◯ ___ €

① Rechne.

7 ct + 4 ct = ___ ct

9 ct + 8 ct = ___ ct

7 ct + 9 ct = ___ ct

9 ct + 4 ct = ___ ct

5 ct + 5 ct = ___ ct

13 ct – 5 ct = ___ ct

15 ct – 9 ct = ___ ct

11 ct – 7 ct = ___ ct

13 ct – 8 ct = ___ ct

14 ct – 7 ct = ___ ct

② Wie viel Geld bekommst du zurück? Ergänze geschickt.

| a) Ich kaufe | Ich habe | Rechnung | Rückgeld |
| --- | --- | --- | --- |
|  4 € |  10 € | 4 € + ___ € = 10 € | ___ € |
|  8 € |  ___ € | 8 € + ___ € = ___ € | ___ € |
|  7 € |  ___ € | 7 € + ___ € = ___ € | ___ € |

| b) Ich kaufe | Ich habe | Rechnung | Rückgeld |
| --- | --- | --- | --- |
|  4 € 8 € 12 € |  ___ € | 12 € + ___ € = ___ € | ___ € |
|  8 € 7 € ___ € |  ___ € | ___ € + ___ € = ___ € | ___ € |
|  4 € 8 € 7 € ___ € |  ___ € | ___ € + ___ € = ___ € | ___ € |

Rückgeld: 0 €, 1 €, 2 €, 3 €, 6 €, 13 €

LH S. 12

① Wie viel € kosten …

a) … ein  und ein  ?

Rechnung: ___ € ◯ ___ € = ___ €

Beides zusammen kostet ___ €.

b) … eine  und ein  ?

Rechnung: ___ € ◯ ___ € = ___ €

Beides zusammen kostet ___ €.

c) … kosten ein  und ein  ?

Rechnung: ___ € ◯ ___ € = ___ €

Beides zusammen kostet ___ €.

② Wie viel Geld bekommt jedes Kind zurück? Ergänze geschickt.

a) 

Luisa bezahlt mit  .

Rechnung: ___ € ◯ ___ € = ___ €

Luisa bekommt ___ € zurück.

b) 

Marie bezahlt mit  .

Rechnung: ___ € ◯ ___ € = ___ €

Marie bekommt ___ € zurück.

c) 

Erkan bezahlt mit  .

Rechnung: ___ € ◯ ___ € = ___ €

Erkan bekommt ___ € zurück.

③ Wofür bezahlst du 16 €? Kreuze an.

☐ Dino und Ball ☐ Buch und Auto ☐ Buch und Puppe

1 a) Das sind die Lieblingstiere der Klasse 1a: Lies ab und trage ein.

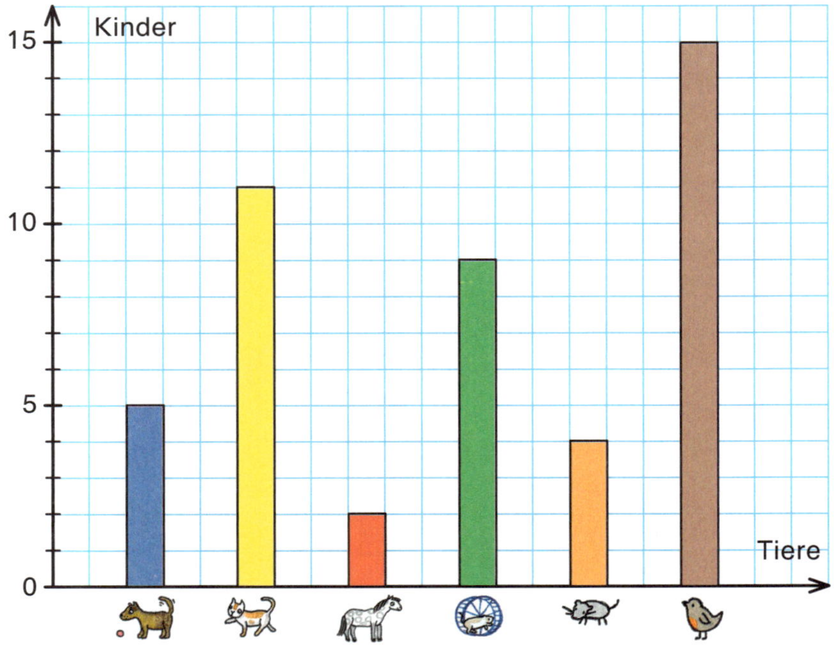

: 5 Kinder

: ___ Kinder

: ___ Kinder

: ___ Kinder

: ___ Kinder

: ___ Kinder

b) Was ist richtig? Lies genau und kreuze an.

Es gibt …

- ☐ mehr Vögel als Katzen.
- ☐ mehr Mäuse als Hunde.
- ☐ gleich viele Pferde wie Mäuse.
- ☐ mehr Katzen als Hamster.

2 Zeichne ein Schaubild zu den Lieblingsfrüchten der Kinder.

: 14 Kinder

: 8 Kinder

: 10 Kinder

: 11 Kinder

: 13 Kinder

: 7 Kinder

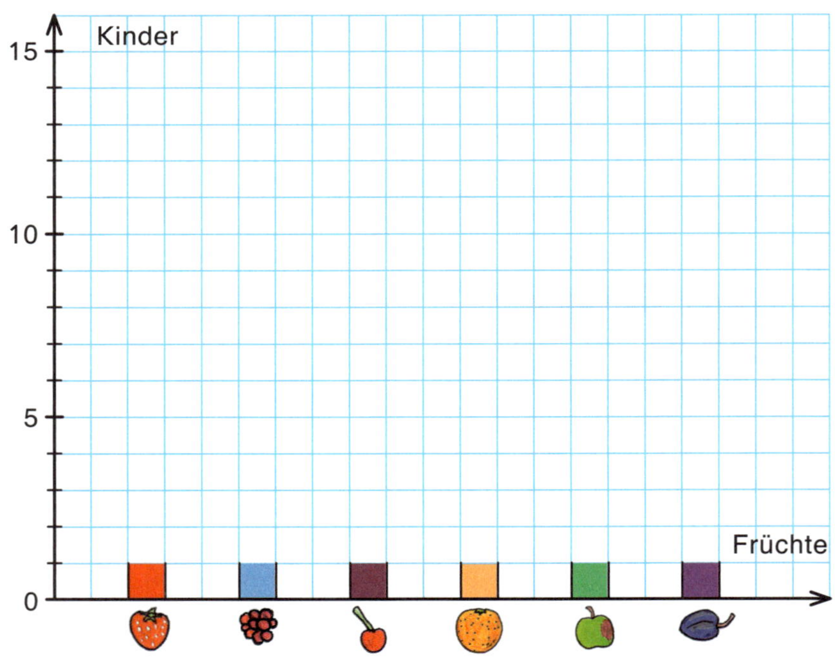

① Wie spät ist es? Schreibe immer 2 Uhrzeiten.

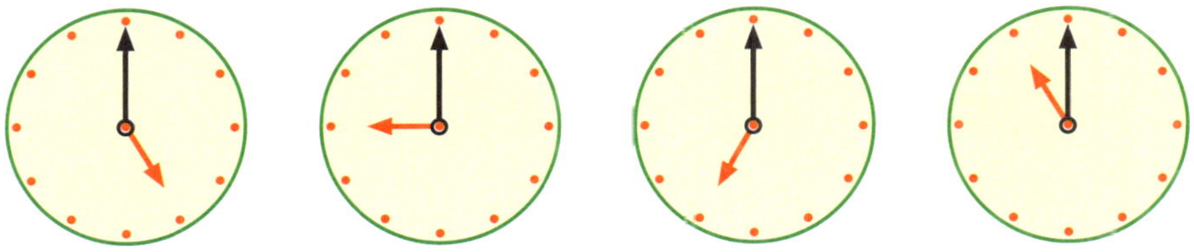

| | | | |
|---|---|---|---|
| ___ Uhr | ___ Uhr | ___ Uhr | ___ Uhr |
| ___ Uhr | ___ Uhr | ___ Uhr | ___ Uhr |

② Trage die roten Zeiger in die Uhren ein.

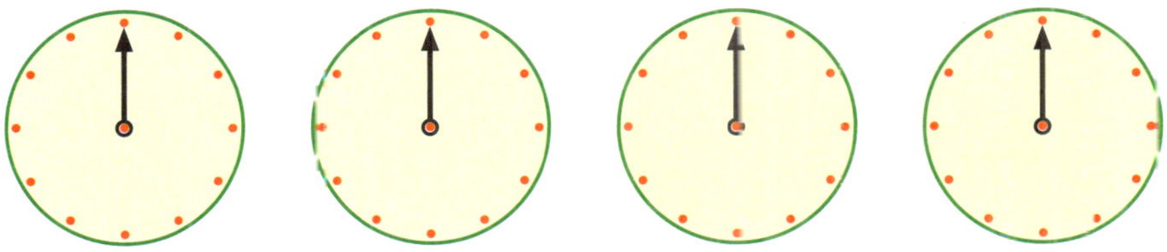

| | | | |
|---|---|---|---|
| 2 Uhr | 15 Uhr | 5 Uhr | 18 Uhr |

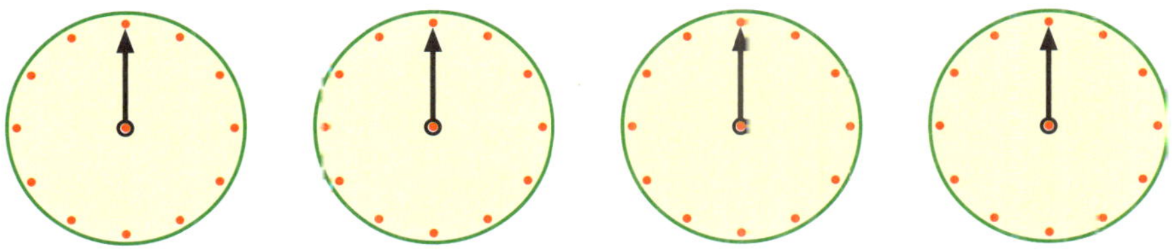

| | | | |
|---|---|---|---|
| 6 Uhr | 23 Uhr | 1 Uhr | 8 Uhr |

③ Wie viel Zeit ist vergangen?

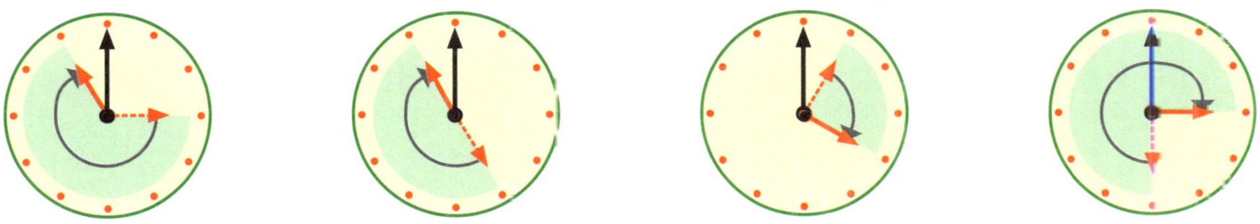

☐ Stunden ☐ Stunden ☐ Stunden ☐ Stunden

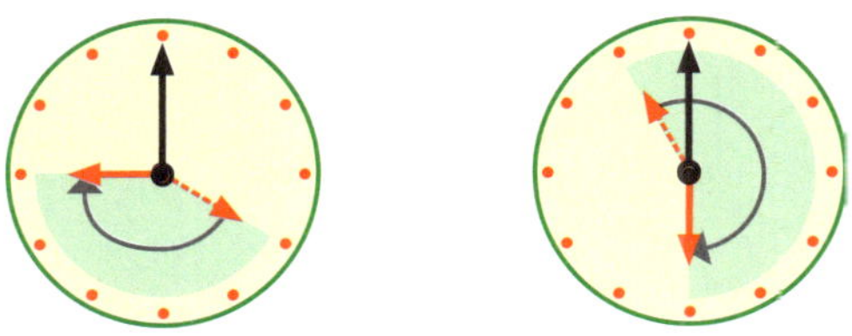

☐ Stunden ☐ Stunden

Lösungswort:

☐ ☐ ☐ ☐ ☐ ☐ T

① Wie alt sind die Kinder? Rechne.

a) Hannes ist 5 Jahre älter als Lena.

6 Jahre ___ Jahre

Tom ist 7 Jahre jünger als Eva.

12 Jahre ___ Jahre

b) Stefan ist doppelt so alt wie Paula.

7 Jahre ___ Jahre

Petra ist halb so alt wie Luisa.

16 Jahre ___ Jahre

c) Steffi ist so alt wie Marie und Leo zusammen.

9 Jahre 4 Jahre ___ Jahre

In 9 Jahren ist Lasse so alt, wie Holger jetzt ist.

15 Jahre ___ Jahre

② Male die Felder mit den Altersangaben aller Kinder von ① aus.

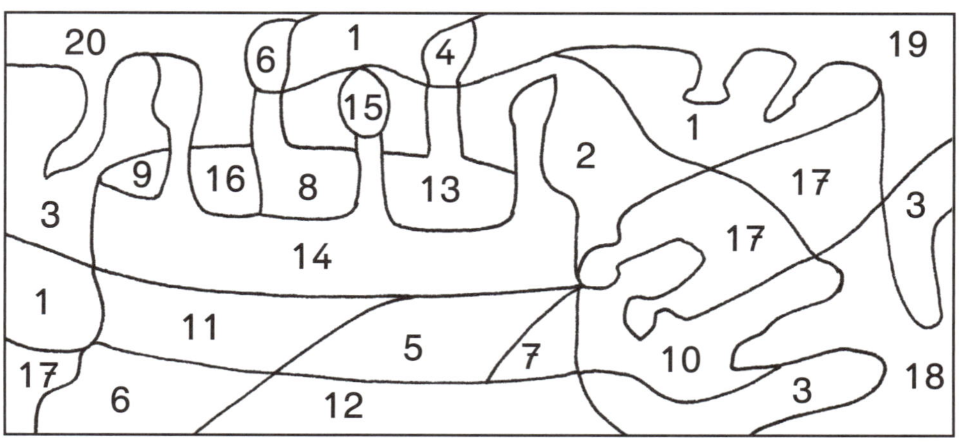

① Wer hat wie viel Geld? Rechne und vergleiche.

Sarah: ___ € Moritz: ___ € Christian: ___ €

② Rechne. Achte auf € und ct.

| | | |
|---|---|---|
| 12 € + 6 € = ___ € | 14 ct – 7 ct = ___ ct | 5 ct + 9 ct = ___ ___ |
| 9 € + 3 € = ___ € | 19 ct – 7 ct = ___ ct | 5 € + 9 € = ___ ___ |
| 7 € + 11 € = ___ € | 13 ct – 5 ct = ___ ct | 15 € – 9 € = ___ ___ |

③ Das sind die Lieblingsfächer der Kinder in Klasse 1a.
Schreibe mit Zahlen.

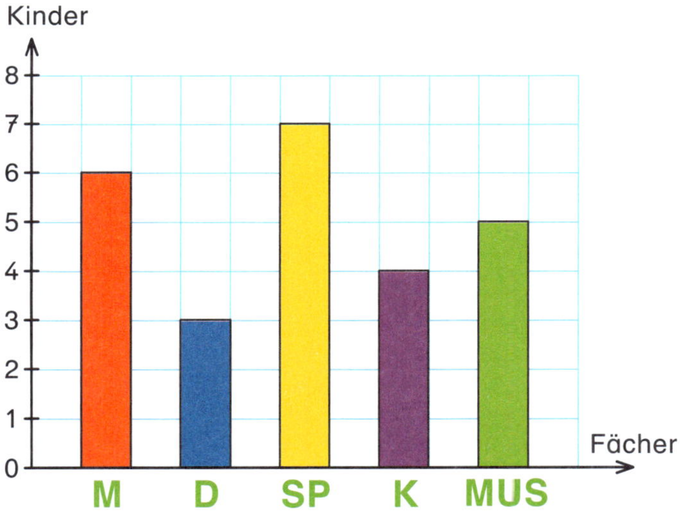


Mathe **M**: ___ Kinder
Deutsch **D**: ___ Kinder
Sport **SP**: ___ Kinder
Kunst **K**: ___ Kinder
Musik **MUS**: ___ Kinder

Das beliebteste Fach ist:

_______________________.

③ Wie spät ist es? Schreibe immer 2 Uhrzeiten.

☾ ___ Uhr
☼ ___ Uhr

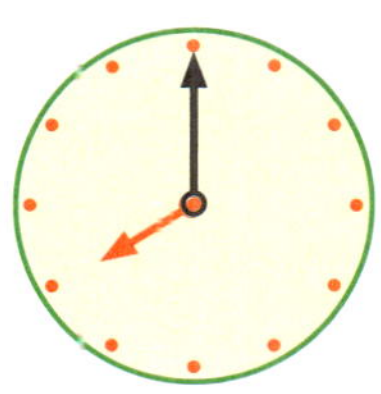

☾ ___ Uhr
☼ ___ Uhr

## Streng geheim!

Mit der Drehscheibe kannst du auch geheime Nachrichten an deine Freunde verschlüsseln.
Nur wer den Schlüssel kennt, kann deine Botschaft lesen.

Drehe die Scheibe solange, bis der passende Buchstabe im Sichtfenster erscheint.

Schreibe die Zahl, auf die der rote Pfeil zeigt.
Rot, gelb oder blau? Achte auf die richtige Farbe.

Das Papier ist aus chlorfrei gebleichtem Zellstoff herstellt,
ist säurefrei und recyclingfähig.





1. Auflage 2010
Druck 14 13 12 11 10

Umschlagkonzeption: Mendell & Oberer, München
Umschlaggestaltung: Daniela Kropf, Oldenburg
Layout: Melanie Beutel & Alice Wüst
Lektorat: Stefanie Keller
Herstellung: Alice Wüst
Satz: Thomas Werner, München
Illustration: Antje Keidies, Münster; Helga Meyer, Hamburg; Detlef Seidensticker, München
Druck: Himmer AG, Augsburg

ISBN 978-3-637-01022-2